WAHRSCHEINLICHKEITSRECHNUNG FÜR NICHTMATHEMATIKER

Von

Dr. KARL DÖRGE

ordentl. Professor an der Universität Köln

unter Mitwirkung von

HANS KLEIN

Zweite, durchgesehene Auflage

Walter de Gruyter & Co.

vormals G. J. Göschen'sche Verlagshandlung — J. Guttentag, Verlagsbuchhandlung — Georg Reimer — Karl J. Trübner — Veit & Comp.

Berlin 1947

Archiv-Nr. 12 09 47
Druck von Universitäts-Buchdruckerei Junge & Sohn, Erlangen
Printed in Germany

Vorwort zur ersten Auflage.

Dieses Buch ist aus an der Universität Köln wiederholt für Statistiker gehaltenen Vorlesungen über Wahrscheinlichkeitstheorie hervorgegangen.

Die Bedeutung der Wahrscheinlichkeitstheorie beschränkt sich nicht allein auf die induktiven Wissenschaften selbst und die ihnen gemeinsame Hilfswissenschaft, die Statistik, sondern eigentlich erfordert jetzt jede Erkenntnistheorie eine Auseinandersetzung mit den Ergebnissen der Wahrscheinlichkeitstheorie und ein Wissen um deren Sicherheit oder Unsicherheit.

Es ist das Ziel der Verfasser gewesen, die Sätze der Wahrscheinlichkeitstheorie, deren Ableitung ohne tiefere mathematische Untersuchungen möglich ist, nicht nur abzuleiten, sondern auch zu zeigen, auf welcher Art von Voraussetzungen sie beruhen.

Der ernsthaft interessierte Leser wird mit relativ geringer Mühe den ersten Hauptteil des Buches, das II. Kapitel, über die Wahrscheinlichkeit bewältigen. Dieser enthält die beiden elementaren Grundregeln der Wahrscheinlichkeitsrechnung, die Mischungsregel und das Multiplikationstheorem. Dabei beruht die Ableitung des Multiplikationstheorems wesentlich auf einer korrekten Fassung des Begriffs der statistischen Unabhängigkeit. Dieses theoretische Kapitel reicht hin, um in zwei den Anwendungen gewidmeten Kapiteln, dem III. und IV. Kapitel, u. a. die Wahrscheinlichkeiten der Serien, die Günstigkeit oder Ungünstigkeit der üblichen Glücksspiele für Spieler und Spielbank und das Prinzip der gerechten Prämie bei Versicherungen abzuleiten.

Das V. Kapitel ist der zweite Hauptteil des Buches. Mittels des Hilfsbegriffs der Streuung wird hier als Höhepunkt des Buches der zentrale Satz der Wahrscheinlichkeitstheorie, das Gesetz der großen Zahlen, abgeleitet. Es wird in physikalischer Sprache als Satz über die Durchschnittsbildung von Meßergebnissen formuliert. Auf diesem Höhepunkt haben wir den Hauptinhalt des Buches geschlossen. Jedoch wird im Anhang noch weiter gezeigt, daß der Fundamentalsatz von der größten Sicherheit der längeren Statistik im Grunde nichts anderes ist als das Gesetz der großen Zahlen, nur in anderer Formulierung, und daher von uns mit dem Gesetz der großen Zahlen zugleich mitbewiesen ist. Auf diesem Fundamentalsatz der Statistik beruht auch das repräsentative Verfahren der Statistik. Der Satz von der größeren Sicherheit der längeren Statistik liefert die Berechtigung des Prinzips der Induktion. Er könnte nämlich auch bezeichnet werden als Satz über die größere Sicherheit der Induktion aus der größeren Anzahl der Experimente gegenüber der aus der kleineren Anzahl.

Nicht ohne zwingenden Grund ist dem Aufbau des Wahrscheinlichkeitsbegriffs zu Beginn des Buches ein I. Kapitel über den Grenzwertbegriff vorangestellt. Wenn dem ungeduldigen Leser dieses auch zunächst als ein unliebsames Hindernis vor dem Gegenstande seines Hauptinteresses erscheint, so wird er doch bald sehen, daß die Betrachtungen des I. Kapitels über den Grenzwert unumgänglich notwendig sind, wenn er sich mit den Problemen des II. Kapitels auseinandersetzen will.

Die Kenntnis mathematischer Sätze, die nicht ausnahmslos an jeder mittleren Schule gelehrt werden, wurde an keiner Stelle vorausgesetzt. Zur Erzielung möglichst großer Verständlichkeit wurde auch niemals eine breite, ausführliche Darstellung gescheut. Es wurde versucht, neben dem Ziel auch den Ursprung der Begriffe aufzuzeigen, um sie so als zweckentsprechende und natürliche Begriffsbildungen zu erkennen.

Das vollständige Verständnis des Buches erfordert also zwar niemals schon vorhandene Kenntnisse, dagegen erfordert es ein notwendiges Maß an intensiver geistiger Mitarbeit. Ohne sie gibt es grundsätzlich keine Möglichkeit zur Aneignung tieferer mathematischer Erkenntnis, wie das Gesetz der großen Zahlen der Wahrscheinlichkeitsrechnung eine ist.

Vorwort zur zweiten Auflage.

Weder die eigene Einsicht noch die bekanntgewordenen, wohl durchweg anerkennenden Kritiken gaben Grund zu wesentlichen Änderungen. Daher beschränken sich diese auf Zusätze über Mittelwerte im Anhang und auf die Beseitigung kleiner Ungenauigkeiten im Text.

Inhaltsverzeichnis.

Seite

Einleitung . . . 7

I. Kapitel. Der Grenzwertbegriff.

§ 1. Nullfolgen . . . 9
§ 2. Der Grenzwert von Folgen . . . 13
§ 3. Sätze über den Grenzwert . . . 15

II. Kapitel. Die Wahrscheinlichkeit.

§ 4. Ereignisfolge, Merkmal und Wahrscheinlichkeit . . . 19
§ 5. Mischungsregel . . . 26
§ 6. Symmetrische Merkmale . . . 30
§ 7. Nachträgliche Wahrscheinlichkeiten und Unabhängigkeit . . . 32
§ 8. Das Multiplikationstheorem . . . 37
§ 9. Verbindung von Folgen . . . 42
§ 10. Hypothesen über die Anwendung der Wahrscheinlichkeitsrechnung . . . 45

III. Kapitel. Serien von Ereignissen.

§ 11. Anwendungen der Mischungsregel und des Multiplikationstheorems . . . 50
§ 12. Serien von Ereignissen . . . 52

IV. Kapitel. Die mathematische Erwartung.

§ 13. Bewertung eines Merkmalsystems und die Erwartung . . . 62
§ 14. Einsatz und Prämie . . . 66
§ 15. Beispiele und Anwendungen . . . 68

V. Kapitel. Mittelwert, Streuung und Gesetz der großen Zahlen.

§ 16. Der Mittelwert . . . 74
§ 17. Merkmaltransformationen . . . 78
§ 18. Der Mittelwert von Summen und Produkten, Durchschnittsbildung . . . 83
§ 19. Streuung und Fehlerfortpflanzungsgesetz . . . 87
§ 20. Tschebyscheffsche Ungleichung . . . 93
§ 21. Das Gesetz der großen Zahlen . . . 95

Anhang . . . 103
Register . . . 112

Einleitung.

1. Im Geburtenregister einer großen Stadt seien die Geburten ihrer zeitlichen Reihenfolge nach eingetragen. Bezeichnen wir die Geburt eines Knaben durch das Zeichen K, die eines Mädchens durch M, so liefert uns das Geburtenregister eine Folge der Buchstaben K und M. Diese Folge könnte etwa so aussehen:

$$K\ M\ M\ M\ K\ K\ M\ M\ K\ M\ K\ \ldots$$

Um einen Überblick über die Häufigkeit der Knabengeburten zu gewinnen, stellen wir zunächst einmal fest, wieviele Geburten des Registers Knabengeburten sind. Dabei wird uns nicht nur der augenblickliche Stand interessieren, sondern auch seine Entwicklung im Laufe der Zeit; vielleicht hoffen wir, daraus etwas über den zukünftigen Verlauf zu erfahren. Um eine einfache Ausdrucksweise zu erhalten, numerieren wir die Geburten des Registers:

$$\begin{array}{cccccccccccc} 1. & 2. & 3. & 4. & 5. & 6. & 7. & 8. & 9. & 10. & 11. & \ldots \\ K & M & M & M & K & K & M & M & K & M & K & \ldots \end{array}$$

und schreiben dann der Reihe nach auf, wieviel Knabengeburten wir bis zur 1., 2., 3., . . . Geburt des Registers zu verzeichnen haben. In unserem Falle ergeben sich auf diese Weise die Zahlen

$$1\ \ 1\ \ 1\ \ 1\ \ 2\ \ 3\ \ 3\ \ 3\ \ 4\ \ 4\ \ 5\ \ldots$$

Zu jeder Nummer n unseres Geburtenregisters gehört so die „absolute Häufigkeit der Knabengeburten bis zu dieser Nummer n“. Diese Zahl bezeichnen wir mit $a_n(K)$ und nennen sie auch kurz die „n-te absolute Häufigkeit für K“. Im obigen Beispiel ist demnach:

$$a_1(K) = 1,\ a_2(K) = 1,\ \ldots,\ a_7(K) = 3,\ \ldots,\ a_{11}(K) = 5, \ldots$$

Zur Folge F der Geburten unseres Registers erhalten wir derart die Folge der n-ten absoluten Häufigkeiten für K, die wir im Laufe der Zeit mit dem Geburtenregister selbst immer weiter fortsetzen.

2. Betrachten wir die Folge der n-ten absoluten Häufigkeiten $a_n(K)$ in unserem Falle, so erkennen wir, daß diese recht unübersichtlich ist. Tatsächlich ist nun auch der durchschnittliche Anteil der Knabengeburten an der Gesamtzahl für uns viel wichtiger als die absolute Zahl derselben. An die Stelle der $a_n(K)$ treten dann die Zahlen $\frac{a_n(K)}{n}$, die wir mit $\varrho_n(K)$ bezeichnen und die „relative Häufigkeit der Knabengeburten bis zur Nummer n in der Folge der Geburten“ oder kurz die „n-te relative Häufigkeit für K“ nennen. Zu dem Register der Geburten erhalten wir damit neben der Folge der absoluten Häufigkeiten noch eine zweite Folge, die der relativen Häufigkeiten $\varrho^n(K)$.

Über die Größe von a_n und ϱ_n können wir sofort zwei Aussagen machen. Die absolute Häufigkeit a_n liegt sicher zwischen Null und n, was wir auch so schreiben:

$$0 \leqq a_n \leqq n.$$

Da aber ϱ_n aus a_n durch Division mit n entsteht, folgt daraus die zweite Aussage

$$0 \leqq \varrho_n \leqq 1.$$

Für das angegebene Beispiel erhalten wir nach den bisherigen Betrachtungen den folgenden Sachverhalt:

1. Die Folge der Geburten des Registers und daraus die Folge der K und M,

2. die Folge der absoluten Häufigkeiten für K

$$1 \quad 1 \quad 1 \quad 1 \quad 2 \quad 3 \quad 3 \quad 3 \quad 4 \quad 4 \quad 5 \quad \ldots$$

3. die Folge der relativen Häufigkeiten für K

$$\frac{1}{1} \quad \frac{1}{2} \quad \frac{1}{3} \quad \frac{1}{4} \quad \frac{2}{5} \quad \frac{3}{6} \quad \frac{3}{7} \quad \frac{3}{8} \quad \frac{4}{9} \quad \frac{4}{10} \quad \frac{5}{11} \quad \ldots.$$

3. Verfolgen wir die Entwicklung der $\varrho_n(K)$ in praktisch vorliegenden Beispielen, so gewinnen wir den Eindruck, daß die ϱ_n sich im Laufe der Zeit mehr und mehr einer bestimmten Zahl nähern. Diese Grenzzahl wird später die Wahrscheinlichkeit für K in der Folge der Geburten. Doch ist diese Aussage vorläufig noch zu unscharf, als daß wir mit ihr klar operieren könnten. Es wird daher unsere Aufgabe sein, diese Aussage so festzulegen und zu verschärfen, daß sie klare und einwandfreie Schlüsse zuläßt und dazu unserer anschaulichen Vorstellung entspricht.

4. Bei statistischen Untersuchungen können wir über die auftretenden Folgen nicht willkürlich verfügen, sondern die „statistischen" Folgen werden irgendwie durch den Ablauf der Ereignisse gegeben sein. Trotzdem können wir unsere Betrachtungen nicht von vornherein auf statistisch gegebene Folgen beschränken; wir müssen vielmehr zunächst ganz allgemein auch willkürlich zurechtgemachte Folgen mit betrachten, da wir noch keinen Anhalt darüber haben, welche Folgen als statistische Folgen in Frage kommen, welche nicht. Dann werden allerdings unter den betrachteten Folgen auch solche sein, die uns später nicht mehr interessieren, weil sie als statistische Folgen nicht auftreten.

I. Kapitel.

Der Grenzwertbegriff.

§ 1. Nullfolgen.

1, 1. Es sei eine beliebige Folge F von Zahlen gegeben, die nicht unbedingt die Bedeutung einer Folge absoluter oder relativer Häufigkeiten zu haben braucht. Eine solche Folge könnten wir so festlegen, daß wir uns die Zahlen der Folge der Reihe nach unter die Folge der ganzen positiven Zahlen 1, 2, 3, . . . geschrieben denken. Bei den Mathematikern ist jedoch eine andere, zweckmäßigere Bezeichnung üblich geworden. Hier wird die erste Zahl oder, wie man auch sagt, das erste Glied der Folge mit a_1, das zweite Glied mit a_2, das dritte mit a_3 usw. bezeichnet. Dann sieht also die Folge F so aus:

$$F: a_1, a_2, a_3, \ldots$$

Es kann sein, daß diese Folge nur endlich viele Glieder enthält, also etwa mit dem n-ten Gliede abbricht. Es ist aber auch möglich, daß die Folge nicht abbricht; dann folgt jeder Zahl a_n von F noch eine weitere a_{n+1}. Eine solche Folge nennen wir eine unendliche Folge[1]). Wir setzen im folgenden voraus, daß die betrachteten Folgen solche nicht abbrechenden Folgen sind.

Neben der unendlichen Folge F sei nun eine feste Zahl γ gegeben, und wir befassen uns mit der Frage, ob sich beim Durchlaufen der Folge die Glieder derselben der Zahl γ unbegrenzt nähern oder nicht. Die Zahl γ braucht nicht in der Folge F als Glied enthalten zu sein, verboten ist dies jedoch keineswegs.

1, 2. Den Sachverhalt machen wir uns zunächst an einigen Beispielen klar, wobei wir für γ speziell die Zahl Null nehmen. Wir können in diesen Beispielen selbstverständlich nicht alle Glieder der unendlichen Folge hinschreiben, sondern nur die Anfangsglieder. Aus diesen wird aber eindeutig hervorgehen, nach welchem Rezept wir die Folge fortsetzen wollen, ohne daß wir das noch ausführlicher angeben.

$$1)\quad \frac{1}{1} \quad \frac{1}{10} \quad \frac{1}{100} \quad \frac{1}{1000} \ldots\ldots\ldots\ldots$$

$$2)\quad 1 \quad \frac{1}{2} \quad \frac{1}{3} \quad \frac{1}{4} \quad \ldots\ldots\ldots\ldots$$

$$3)\quad \frac{1}{2} \quad \frac{1}{1} \quad \frac{1}{4} \quad \frac{1}{3} \quad \frac{1}{6} \quad \frac{1}{5} \ldots$$

$$4)\quad 1 \quad -\frac{1}{10} \quad +\frac{1}{100} \quad -\frac{1}{1000} \quad \ldots\ldots\ldots\ldots$$

---

1) Damit meinen wir also nicht etwa, daß die Glieder der Folge groß werden, sondern, daß die Folge nicht abbricht, unendlich viele Glieder enthält.

$$
\begin{array}{lcccccc}
5) & -\frac{1}{2} & +\frac{1}{1} & -\frac{1}{4} & +\frac{1}{3} & -\frac{1}{6} & +\frac{1}{5}\ldots \\
6) & 0 & 0 & 0 & 0 & 0 & 0\ldots \\
7) & 1 & 2 & 3 & 4 & 5 & 6\ldots \\
8) & 1 & \frac{1}{2} & 1 & \frac{1}{3} & 1 & \frac{1}{4}\ldots \\
9) & \frac{1}{1000} & 0 & \frac{1}{1000} & 0 & \frac{1}{1000} & 0\ldots
\end{array}
$$

Wenn wir uns nun fragen, welche der Folgen sich Null nähern und welche nicht, so wird bei den beiden ersten über die Antwort kein Zweifel sein, da wir doch in diesen Folgen bei jedem Schritt weiter näher an Null herankommen. Das ist zwar bei der dritten Folge schon nicht mehr der Fall; trotzdem werden wir auch hier sagen, daß wir uns der Null immer mehr und mehr nähern; denn es ist in diesem Beispiel jedenfalls so, daß wir auf die Dauer doch der Null beliebig nahe kommen. Verstehen wir den Begriff der Annäherung nicht im Sinne einer einseitigen Annäherung von oben oder unten, so nähern sich auch in den beiden folgenden Beispielen die Glieder der Folge mehr und mehr der Null. Dagegen können wir im 6. Beispiel nicht mehr von einer Annäherung im Sinne des Sprachgebrauchs des Wortes sprechen; es liegt aber nahe, auch dieses Beispiel zur Gruppe der Folgen zu rechnen, die sich der Null nähern.

In den letzten drei Beispielen müssen wir dagegen sagen, daß diese Folgen keine Nullfolgen sind. Das ist für das 7. Beispiel ohne weiteres klar, während im 8. die Entscheidung schon kritischer ist, weil diese Folge Glieder enthält, die sich der Null nähern; trotzdem können wir von einer Annäherung an Null in der gesamten Folge nicht sprechen, da wir der Zahl Null nie endgültig nahekommen, weil die Zahl 1 immer wieder auftritt. Auch im letzten Fall liegt dann nach dem Gesagten die Entscheidung fest.

1, 3. Nach diesen Beispielen legen wir jetzt allgemein fest, wann wir von einer Folge sagen, daß sich ihre Glieder der Null nähern oder nicht; wann sie, wie wir auch sagen werden, eine Nullfolge ist oder nicht.

Dazu schreiben wir jedes Glied der betrachteten Folge als nicht abbrechenden Dezimalbruch[1]), indem wir die etwa auftretenden abbrechenden Dezimalbrüche durch Anhängen von lauter Nullen zu nicht abbrechenden ergänzen. Das Rechnen mit solchen nicht abbrechenden Dezimalbrüchen setzen wir als bekannt voraus; doch soll auf eine Schwierigkeit hier noch besonders hingewiesen werden. Es kann sein, daß zwei nicht abbrechende Dezimalbrüche den gleichen Wert darstellen, trotzdem sie äußerlich voneinander ganz verschieden sind. Wie in dem Beispiel 1,000 . . . und 0,999 . . . tritt dies genau dann ein, wenn der erste Dezimalbruch von einer Stelle an lauter Nullen, der andere von derselben

---

[1]) Das geschieht, weil wir damit die Untersuchung von Sonderfällen vermeiden und zu einer einheitlichen und übersichtlichen Festsetzung kommen.

Stelle ab nur 9 enthält und dazu die Ziffer der Stelle vorher beim ersten der beiden Dezimalbrüche um 1 höher ist als die entsprechende Ziffer des zweiten. Um hier zu einer eindeutigen Darstellung zu kommen, vereinbaren wir, jedesmal sofort von der zweiten zur ersten Schreibweise überzugehen, falls sich im Laufe der Rechnung einmal ein Dezimalbruch der zweiten Form ergibt. Damit verbieten wir gewissermaßen Dezimalbrüche, die von einer Stelle ab nur die Ziffer 9 enthalten.

1, 4. Jetzt können wir den Begriff der Nullfolge endgültig festlegen. Die folgende Festsetzung liefert uns dann in Zukunft allgemein die Entscheidung darüber, ob eine vorliegende Folge eine Nullfolge ist oder nicht.

Festsetzung 1, 1. Eine Folge F ist dann und nur dann eine **Nullfolge,** wenn die folgenden Bedingungen alle erfüllt sind.

Wir schreiben die Glieder der Folge

$$F: a_1, a_2, a_3, \ldots, a_n, \ldots$$

als mit einem Vorzeichen versehene nichtabbrechende Dezimalbrüche

$$\begin{aligned} a_1 &= \pm\, d_0', \; d_1' \; d_2' \; d_3' \; \ldots \; d_k' \; \ldots \\ a_2 &= \pm\, d_0'', \; d_1'' \; d_2'' \; d_3'' \; \ldots \; d_k'' \; \ldots \\ &\vdots \\ a_n &= \pm\, d_0^{(n)}, d_1^{(n)} d_2^{(n)} d_3^{(n)} \ldots d_k^{(n)} \ldots \\ &\vdots \end{aligned}$$

usw.

wobei die d_0 vor dem Komma ganze Zahlen sind, die übrigen d_k aber von 0,1, ..., 9 laufen.

Die gegebene Folge ist nun eine **Nullfolge,** wenn wir beim Durchlaufen der Folge

1. zu einer Stelle kommen, von der ab die Zahl d_0 vor dem Komma dauernd Null ist,

2. zu einer weiteren Stelle kommen, von der ab dazu auch die erste Ziffer hinter dem Komma, d_1, dauernd Null ist,

3. zu einer weiteren Stelle kommen, von der ab auch die zweite Ziffer hinter dem Komma, d_2, dauernd Null ist,

⋮

n. zu einer Stelle kommen, von der ab auch die $n-1$. Ziffer hinter dem Komma, d_{n-1}, dauernd Null ist.

⋮

usw.

Das Vorzeichen, das vor dem Bruche steht, spielt für diese Bedingung offensichtlich keine Rolle.

Sind alle diese unendlich vielen Forderungen erfüllt, so ist die Folge eine Nullfolge, ist dagegen eine dieser Bedingungen nicht erfüllt, so ist die Folge schon keine Nullfolge mehr.

An Stelle dieser Festsetzung des Begriffs der Nullfolge können wir auch die folgende, mit der ersten völlig gleichwertige zur Festlegung des Begriffs der Nullfolge verwenden. Diese erklärt das in der ersten Gesagte auf eine zweite, aber im wesentlichen gleiche Art nochmals.

Festsetzung 1, 2. Eine Folge ist eine **Nullfolge,** wenn folgendes gilt:

Durchlaufen wir die Folge, so liegen alle Glieder der Folge:

1. von einer Stelle ab zwischen -1 und $+1$,
2. von einer weiteren Stelle an zwischen $-\frac{1}{10}$ und $+\frac{1}{10}$,
3. von einer weiteren Stelle an zwischen $-\frac{1}{100}$ und $+\frac{1}{100}$,

⋮

n. von einer weiteren Stelle an zwischen $-\frac{1}{10^{n-1}}$ und $+\frac{1}{10^{n-1}}$

⋮

usw.[1]).

Die beiden Festsetzungen 1, 1 und 1, 2 sind sicher untereinander gleichwertig; wie sich aus dem Wortlaut derselben sofort ergibt, ist es sogar so, daß die einzelnen Bedingungen der Reihe nach einander entsprechen. Es ist demnach vollkommen gleich, welche der beiden Festsetzungen wir bei der Prüfung einer gegebenen Folge zugrunde legen, wir kommen mit beiden zur gleichen Entscheidung.

1, 5. Sehen wir uns nun die Beispiele zu Anfang dieses Paragraphen daraufhin an, ob sie nach diesen Festsetzungen zu den Nullfolgen gehören oder nicht, so stellen wir fest, daß wir zum gleichen Ergebnis gelangen wie früher.

Das prüfen wir jetzt zum Schluß dieses Paragraphen im einzelnen nach, indem wir die angeführten Beispiele der Reihe nach durchsprechen.

Bei der ersten Folge ist die erste Bedingung vom 2. Gliede ab, die zweite Bedingung vom 3. Gliede an usw. erfüllt; bei der zweiten Folge ist die erste Bedingung ebenfalls vom 2. Gliede, die zweite Bedingung aber erst vom 11., nämlich $^1/_{11}$, ab erfüllt. Um zu erreichen, daß auch die dritte Bedingung erfüllt ist, müßten wir schon bis zu $^1/_{101}$ in der Folge gehen, für die vierte bis zu $^1/_{1001}$ usw. Wir sehen, daß in dieser Folge die einzelnen Bedingungen erst viel später erfüllt sind, als dies in der ersten Folge der Fall ist. Aber darüber enthalten unsere Festsetzungen ja auch keinerlei Vorschriften, es genügt vielmehr, daß wir überhaupt Stellen finden, von denen ab die Bedingungen gelten. Auf die Größe der Nummer der Stelle, von der ab dies eintritt, kommt es dabei in keiner Weise an. Im dritten Beispiel ist die erste Bedingung vom 3. Gliede an erfüllt, die zweite vom 11. Gliede, also von $^1/_{12}$ an, die dritte Bedingung vom 101. Gliede, d. h. $^1/_{102}$ usw.

---

[1]) Wir nehmen dabei den Begriff „zwischen“ im engen Sinne, d. h. mit Ausschluß der Grenzen.

Bei den beiden nächsten Folgen 4 und 5 könnten wir jetzt ebenso wie bisher die Bedingungen der Reihe nach prüfen. Da wir aber wissen, daß nach der Festsetzung des Nullfolgenbegriffs das Vorzeichen der Glieder ohne Belang ist, sind mit den Folgen 1 und 3 auch die beiden Folgen 4 und 5 Nullfolgen; denn die Glieder der Folgen 4 und 5 stimmen mit denen der Folgen 1 und 3 bis auf das Vorzeichen überein. Im 6. Beispiel aber liegen die Dinge sehr einfach, sind doch hier alle Bedingungen schon vom ersten Gliede an erfüllt.

Die drei letzten der angegebenen Folgen sind keine Nullfolgen. Um das nachzuweisen, genügt es zu zeigen, daß eine der geforderten Bedingungen nicht erfüllt ist. Für die beiden Folgen 7 und 8 ist das schon die erste Bedingung; im Fall 7, weil alle Zahlen der Folge von der zweiten ab größer als 1 sind, im Fall 8 bewirkt das dauernde Auftreten der 1 die Ungültigkeit der ersten Bedingung. Natürlich gelten dann alle weiteren Bedingungen erst recht nicht. Im letzten Beispiel sind zwar einige der ersten, nämlich die ersten drei Bedingungen erfüllt, aber die vierte Bedingung gilt nicht mehr. Auch diese Folge ist also keine Nullfolge.

§ 2. Der Grenzwert von Folgen.

2, 1. Mit Hilfe des Begriffs der Nullfolge können wir nun auf einfache Weise festlegen, wann wir sagen, daß sich die Glieder einer Folge der Zahl γ beliebig nähern. Wir sagen dafür auch: die Folge hat den Grenzwert γ.

Festsetzung 2, 1. Die Folge $a_1, a_2, a_3, \ldots$ hat genau dann den **Grenzwert** γ, wenn die Folge F_1, deren Glieder aus denen von F durch Subtraktion von γ entstehen, also:

$$F_1 : a_1 - \gamma,\ a_2 - \gamma, \ldots$$

eine Nullfolge ist.

Es liegen daher nach der Festsetzung des Begriffs Definition der Nullfolge die Glieder der Folge $a_1 - \gamma$, $a_2 - \gamma, \ldots$

1. von einer Stelle an zwischen -1 und $+1$,
2. von einer weiteren Stelle an zwischen $-{}^1/_{10}$ und $+{}^1/_{10}$,
3. von einer weiteren Stelle an zwischen $-{}^1/_{100}$ und $+{}^1/_{100}$

⋮

usw.

Das ist aber vollkommen gleichbedeutend mit der folgenden

Festsetzung 2, 2. Die Folge F hat dann und nur dann den **Grenzwert** γ, wenn die folgenden Bedingungen erfüllt sind:

Die Glieder der Folge liegen

1. von einer Stelle an zwischen $\gamma - 1$ und $\gamma + 1$,
2. von einer weiteren Stelle an zwischen $\gamma - {}^1/_{10}$ und $\gamma + {}^1/_{10}$,
3. von einer weiteren Stelle an zwischen $\gamma - {}^1/_{100}$ und $\gamma + {}^1/_{100}$,

⋮

usw.

Demnach hat eine Nullfolge den Grenzwert Null, und umgekehrt ist auch eine Folge mit dem Grenzwert Null eine Nullfolge.

In der mathematischen Literatur ist es üblich, die Tatsache, daß eine Folge den Grenzwert γ hat, in der folgenden Weise zu bezeichnen. Man schreibt:

$$\lim_{n\to\infty} a_n = \gamma$$

oder auch

$$a_n \to \gamma$$

und sagt, die Folge habe den Grenzwert oder Limes γ.

2, 2. Bis jetzt können wir feststellen, daß die Festsetzungen für die Nullfolge und für den Grenzwert einander vollkommen entsprechen. Wir könnten daher glauben, daß sich eine der Erklärung 1, 1 für die Nullfolge entsprechende auch für den Grenzwert finden müsse. Betrachten wir aber die Folge:

$$0{,}9 \quad 0{,}99 \quad 0{,}999 \quad 0{,}9999 \ldots$$

so stellen wir fest, daß diese Folge nach unseren Festsetzungen den Grenzwert 1 hat; denn die Folge der Differenzen

$$0{,}9-1 \quad 0{,}99-1 \quad 0{,}999-1 \quad 0{,}9999-1 \ldots$$

oder

$$-0{,}1 \quad -0{,}01 \quad -0{,}001 \quad -{,}0001 \ldots$$

ist, wie wir schon im vorigen Paragraphen zeigten, eine Nullfolge. Trotzdem tritt es hier durchaus nicht ein, daß von einer Stelle an auch nur die erste Ziffer der Glieder der Folge 0,9; 0,99; . . . usw. mit der ersten Ziffer von 1 = 1,0000000 . . ., also 1, übereinstimmt. Entsprechendes wird immer dann eintreten, wenn in den Gliedern der betrachteten Folge beim Fortschreiten in derselben von einer bestimmten Dezimalstelle an die Ziffern der späteren Dezimalstellen sich immer mehr auf eine Folge von lauter 9 ergänzen. Von diesem Typ von Ausnahmefällen abgesehen, können wir jedoch behaupten, daß in der Dezimalbruchentwicklung der Glieder einer Folge mit dem Grenzwert γ eine immer weitgehendere Übereinstimmung mit der Dezimalbruchentwicklung des Grenzwertes eintritt. In Zukunft werden wir uns jedoch an die vorangegangenen Erklärungen des Grenzwertes halten, da wir hier Ausnahmefälle nicht zu beachten haben. Immerhin kann folgender Satz nützlich sein.

Satz 2, 1. Eine Folge hat sicher dann den Grenzwert γ, wenn beim Durchlaufen der Folge

1. von einer Stelle an dauernd das Vorzeichen und die Zahl vor dem Komma mit dem Vorzeichen und der Zahl vor dem Komma bei γ übereinstimmen,

2. von einer weiteren Stelle an außerdem die 1. Ziffer hinter dem Komma bei den Gliedern der Folge mit der von γ dauernd übereinstimmt,

3. von einer weiteren Stelle an außerdem die 2. Ziffer hinter dem Komma bei den Gliedern der Folge mit der von γ dauernd übereinstimmt.

⋮

usw.

Die Richtigkeit dieses Satzes ergibt sich daraus, daß die erste Bedingung desselben besagt, daß von einer Stelle an die Glieder der Folge zwischen $\gamma - 1$ und $\gamma + 1$ liegen, die zweite, daß von einer weiteren Stelle an die Glieder zwischen $\gamma - {}^1/_{10}$ und $\gamma + {}^1/_{10}$ liegen usw. Dann hat aber nach der Festsetzung 2, 2 die Folge den Grenzwert γ.

2, 3. Mit Hilfe der Nullfolgen des vorigen Paragraphen lassen sich nun leicht Beispiele für Folgen bilden, die einen gegebenen Grenzwert haben. Dazu haben wir diese Folgen des vorigen Paragraphen nur so abzuändern, daß wir jedes ihrer Glieder um den gewünschten Grenzwert erhöhen. Nach den Festsetzungen 1, 2 und 2, 2 ist dann die neue, abgeänderte Folge eine Folge mit dem Grenzwert γ. Ein Beispiel ist mit $\gamma = 4$

$$5;\ 4{,}1;\ 4{,}01;\ 4{,}001;\ \ldots$$

Bei der zweiten Gruppe der in § 1, 2 angegebenen Folgen würde uns interessieren, ob diese nicht einen von Null verschiedenen Grenzwert haben. Sieht man näher zu, so erkennt man aber, daß diese Folgen die für einen Grenzwert geforderten Bedingungen für keine Zahl γ erfüllen können. In der Folge 7 ist schon die erste Bedingung für keine Zahl γ zu erfüllen; denn die Glieder dieser Folge liegen schließlich alle außerhalb des Bereiches $\gamma - 1$ und $\gamma + 1$. Bei der Folge 8 wäre die erste Bedingung für Zahlen γ, die zwischen Null und Eins liegen, noch erfüllt, und zwar von Beginn der Folge ab; die zweite Bedingung ist aber sicher nicht mehr zu befriedigen, denn eine der beiden Zahlen Null und Eins liegt sicher außerhalb des Bereiches $\gamma - {}^1/_{10}$ und $\gamma + {}^1/_{10}$ und beide treten doch immer wieder auf. Wir kommen daher in den Bereich $\gamma - {}^1/_{10}$ bis $\gamma + {}^1/_{10}$ nie endgültig hinein. Entsprechendes gilt für die letzte Folge dieser Gruppe von der vierten Bedingung ab.

§ 3. Sätze über den Grenzwert.

3, 1. Im nächsten Kapitel werden wir auf den Begriff des Grenzwertes den der Wahrscheinlichkeit aufbauen und später aus diesem Grunde Folgerungen aus dem Grenzwertbegriff dauernd heranziehen müssen. Um dann den Gang der Entwicklung nicht immer unnötig zu unterbrechen, stellen wir die wichtigsten der Sätze über den Grenzwert, die wir gebrauchen, in diesem Paragraphen zusammen.

Trotzdem die Richtigkeit dieser Sätze aus der Festsetzung des Grenzwertbegriffes heraus unmittelbar einleuchtend zu sein scheint, so fordert doch die mathematische Methode ihren genauen Nachweis. Wir verzichten an dieser Stelle auf die Beweise der Sätze; der Leser findet sie im Teil 1 des Anhangs des Buches.

3, 2. Satz 3, 1. *Eine Folge kann nicht zwei verschiedene Grenzwerte haben.*

Dieser Satz besagt, daß es zu einer gegebenen Folge entweder gar keine oder aber nur eine, dann also genau bestimmte Zahl γ gibt, für die die in den Festsetzungen des § 2 geforderten Bedingungen erfüllt sind.

Satz 3, 2. Multiplizieren wir die Glieder einer Folge F alle mit dem gleichen Faktor C, so multipliziert sich auch der Grenzwert mit diesem Faktor C.

D. h. also, hat die Folge

$$F\ : a_1,\ a_2,\ a_3,\ a_4,\ \ldots \text{ den Grenzwert } \gamma,$$

so hat die Folge

$$F_1 : Ca_1,\ Ca_2,\ Ca_3,\ Ca_4,\ \ldots \text{ den Grenzwert } C\gamma.$$

3, 3. Von besonderer Wichtigkeit ist die Gruppe der folgenden Sätze, mit deren Hilfe wir in einfacher Weise aus den bekannten Grenzwerten gegebener Folgen auf die Grenzwerte von solchen Folgen schließen können, die aus den gegebenen in einfacher Weise neu gebildet werden. Sind uns zwei Folgen F_1 und F_2 gegeben:

$$F_1 : a_1\ a_2, a_3, a_4, a_5, \ldots,$$
$$F_2 : b_1, b_2, b_3, b_4, b_5, \ldots,$$

so können wir daraus neue Folgen bilden, indem wir die Glieder gleicher Nummer addieren, subtrahieren, multiplizieren oder dividieren. Dabei gelten dann die folgenden Sätze.

Satz 3, 3. Hat F_1 den Grenzwert α, F_2 den Grenzwert β, so hat die Folge, die aus diesen beiden durch Addition der Glieder gleicher Nummer entsteht, den Grenzwert $\alpha + \beta$.

Gilt also

$$F_1 : a_1, a_2, a_3, \ldots \to \alpha$$

und

$$F_2 : b_1, b_2, b_3, \ldots \to \beta$$

so folgt

$$a_1 + b_1, a_2 + b_2, a_3 + b_3, \ldots \to \alpha + \beta.$$

Mit der Schreibweise des vorigen Paragraphen läßt sich dieser Sachverhalt kurz so darstellen:

Aus

$$\lim_{n\to\infty} a_n = \alpha \text{ und } \lim_{n\to\infty} b_n = \beta$$

folgt

$$\lim_{n\to\infty} (a_n + b_n) = \alpha + \beta.$$

Ebenso gilt dann auch der folgende Satz:

Satz 3, 4. Hat F_1 den Grenzwert α, F_2 den Grenzwert β, so hat die Folge, die aus diesen beiden dadurch entsteht, daß die Glieder gleicher Nummer der zweiten von denen der ersten subtrahiert werden, den Grenzwert $\alpha - \beta$.

In der symbolischen Schreibweise ausgedrückt heißt das:

Aus

$$\lim_{n\to\infty} a_n = \alpha \text{ und } \lim_{n\to\infty} b_n = \beta$$

folgt

$$\lim_{n\to\infty} (a_n - b_n) = \alpha - \beta.$$

Für die Multiplikation erhalten wir den folgenden, den bisherigen entsprechenden Satz:

Satz 3, 5. Hat F_1 den Grenzwert α, F_2 den Grenzwert β, so hat die Folge F, die aus den beiden gegebenen durch Multiplikation der gleichnumerierten Glieder entsteht, den Grenzwert $\alpha \cdot \beta$.

Hat also die Folge $F_1 : a_1, a_2, a_3, \ldots$ den Grenzwert α
und dazu die Folge $F_2 : b_1, b_2, b_3, \ldots$ den Grenzwert β,
so hat die daraus neu gebildete Folge:

$$F : a_1 b_1,\ a_2 b_2,\ a_3 b_3,\ \ldots \text{ den Grenzwert } \alpha \cdot \beta$$

Bei der Division ergibt sich eine kleine Schwierigkeit[1]) daraus, daß wir durch die Zahl Null nicht dividieren dürfen. Wir können somit den Quotienten $a_n : b_n$ nur dann bilden, wenn $b_n \neq 0$ ist. Wenn der Grenzwert β der Folge der b_n von Null verschieden ist, ist das sicher wegen Festsetzung 2, 1 oder 2, 2 von einer Stelle ab der Fall. Es ergibt sich dann der

Satz 3, 6. Hat die Folge F_1 den Grenzwert α, F_2 den Grenzwert β, so hat die Folge der Quotienten gleichnumerierter Glieder den Grenzwert $\frac{\alpha}{\beta}$, falls $\beta \neq 0$ ist.

In unserer symbolischen Schreibweise heißt das:

Ist $\lim\limits_{n\to\infty} a_n = \alpha$ und $\lim\limits_{n\to\infty} b_n = \beta$ mit $\beta \neq 0$, so folgt

$$\lim_{n\to\infty} \frac{a_n}{b_n} = \frac{\alpha}{\beta}$$

Das letzte heißt dabei ausführlicher, daß die Folge der Quotienten

$$\frac{a_1}{b_1},\ \frac{a_2}{b_2},\ \frac{a_3}{b_3},\ \frac{a_4}{b_4},\ \ldots,$$

die von einer gewissen Stelle ab erklärt ist, den Grenzwert $\alpha : \beta$ hat.

3, 4. Sind uns von vorneherein nicht nur zwei Folgen mit ihren Grenzwerten gegeben, sondern mehr, so gelten entsprechende Sätze.

Es gilt dann

Satz 3, 7. Der Grenzwert einer Summe ist gleich der Summe der einzelnen Grenzwerte, falls diese überhaupt vorhanden sind.

Satz 3, 8. Der Grenzwert eines Produktes ist gleich dem Produkt der einzelnen Grenzwerte, falls diese überhaupt vorhanden sind.

Diese beiden Sätze besagen also genauer folgendes:

Sind uns n Folgen mit ihren Grenzwerten gegeben:

$$\begin{aligned} F_1 &: a_1^{(1)},\ a_2^{(1)},\ a_3^{(1)},\ \ldots \to \alpha^{(1)} \\ F_2 &: a_1^{(2)},\ a_2^{(2)},\ a_3^{(2)},\ \ldots \to \alpha^{(2)} \\ &\ \vdots \\ F_n &: a_1^{(n)},\ a_2^{(n)},\ a_3^{(n)},\ \ldots \to \alpha^{(n)}, \end{aligned}$$

so hat die Folge

$$F : [a_1^{(1)} + a_1^{(2)} + a_1^{(3)} + a_1^{(4)} + \ldots + a_1^{(n)}], \ldots$$

---

[1]) Der Leser, dem es hier ungemütlich wird, lese ruhig über Satz 3, 6 hinweg.

den Grenzwert

$$a^{(1)} + a^{(2)} + a^{(3)} + a^{(4)} + \ldots + a^{(n)}$$

und entsprechend die Folge

$$G : [a_1^{(1)} \cdot a_1^{(2)} \cdot a_1^{(3)} \cdots a_1^{(n)}], \ldots$$

den Grenzwert

$$a^{(1)} \cdot a^{(2)} \cdot a^{(3)} \cdots a^{(n)}.$$

Man hat für diese Summen und Produkte mit mehr als zwei Gliedern eine einfache und übersichtliche Schreibweise eingeführt, die wir ebenfalls benutzen werden.

Anstatt die Summe von n gegebenen Zahlen $a_1, a_2, a_3, \ldots, a_n$ in der folgenden Weise anzudeuten:

$$S = a_1 + a_2 + a_3 + \cdots + a_n$$

schreibt man kurz

$$S = \sum_{k=1}^{k=n} a_k$$

Dabei stehen hinter dem Summenzeichen Σ die zu summierenden Größen und darüber bzw. darunter sind die Grenzen der auszuführenden Summation angegeben.

Eine ähnliche Schreibweise ist für das Produkt der n Größen üblich. Statt

$$P = a_1 \cdot a_2 \cdot a_3 \cdots a_n$$

schreibt man

$$P = \prod_{k=1}^{k=n} a_k$$

Mit Hilfe dieser beiden Bezeichnungen lassen sich nun auch die Sätze 3, 7 und 3, 8 in übersichtlicher Weise symbolisch in Formeln ausdrücken.

Wir erhalten so die beiden Formeln:

$$\lim_{m \to \infty} \sum_{k=1}^{k=n} a_m^{(k)} = \sum_{k=1}^{k=n} \lim_{m \to \infty} a_m^{(k)}$$

und

$$\lim_{m \to \infty} \prod_{k=1}^{k=n} a_m^{(k)} = \prod_{k=1}^{k=n} \lim_{m \to \infty} a_m^{(k)}$$

In diesen beiden Formeln sind selbstverständlich die Formeln für Subtraktion und Division mitenthalten; denn wir können ja immer die Subtraktion von a_k als Addition von $-a_k$, die Division durch a_k als Multiplikation mit $\frac{1}{a_k}$ auffassen.

II. Kapitel.

Die Wahrscheinlichkeit.

§ 4. Ereignisfolge, Merkmal und Wahrscheinlichkeit.

4, 1. Jetzt, nach der Klärung des Grenzwertbegriffs im vorigen Kapitel, können wir wieder zum Ausgangspunkt unserer Betrachtungen, der Untersuchung statistischer Folgen zurückkehren.

Es wird zweckmäßig sein, dabei zunächst auf das Beispiel der Einleitung zurückzugreifen. Dort hatten wir zu der Folge F der Geburten eines Geburtenregisters die Folge der relativen Häufigkeiten $\varrho_n(K)$ der Knabengeburten aufgestellt. Eines der $\varrho_n(K)$ als endgültiges Maß für die Häufigkeit des Auftretens der Knabengeburten zu nehmen, ist deshalb unmöglich, weil die $\varrho_n(K)$ sich mit der Fortsetzung des Geburtenregisters im Laufe der Zeit immer wieder verändern. Auf Grund der Erfahrungen, die man bei statistischen Untersuchungen macht, hatten wir schon in der Einleitung die Vermutung ausgesprochen, daß sich die $\varrho_n(K)$ einer Grenzzahl nähern. Dieser Grenzwert liefert uns dann ein vernünftiges, endgültiges Maß für die Häufigkeit der Knabengeburten in unserem Register; wir nennen diesen Grenzwert die Wahrscheinlichkeit für das Auftreten einer Knabengeburt in unserem Register. Damit haben wir also für den Begriff der Wahrscheinlichkeit die folgende Erklärung festgelegt:

Die Wahrscheinlichkeit für K in der Folge F der Geburten ist der Grenzwert der Folge der relativen Häufigkeiten $\varrho_n(K)$ für K.

Allerdings hat diese Erklärung nur unter der Voraussetzung einen Sinn, daß dieser Grenzwert in dem genau festgelegten Sinn des vorigen Kapitels vorhanden ist.

4, 2. An einem weiteren Beispiel machen wir uns den Sachverhalt nochmals klar. Wir denken uns, es würde beliebig oft mit einem Würfel geworfen und bei jedem der Würfe die gefallene Augenzahl notiert. Wir erhalten so eine Folge der Zahlen 1, . . ., 6 und können nun nach der Häufigkeit fragen, mit der die Zahl 5 in dieser Folge auftritt. Genau wie vorhin stellen wir erst die Folge der absoluten Häufigkeiten $\alpha_n(5)$, dann die Folge der relativen Häufigkeiten $\varrho_n(5)$ auf. Besitzt nun die Folge der relativen Häufigkeiten $\varrho_n(5)$ einen Grenzwert γ, so sagen wir: Die Zahl 5 tritt beim Werfen mit diesem Würfel mit der Wahrscheinlichkeit γ auf oder „5“ hat beim Werfen mit diesem Würfel die Wahrscheinlichkeit γ.

4, 3. Wie in diesen beiden Beispielen handelt es sich bei der Frage nach der Wahrscheinlichkeit immer um das Folgende:

Gegeben ist eine Folge von Ereignissen, wie die Geburten einer großen Stadt oder die Folge der Würfe mit einem Würfel, und gefragt wird nun danach, mit welcher Wahrscheinlichkeit diese Ereignisse einen bestimmten Ausfall, eine bestimmte Eigenschaft zeigen. Dabei müssen wir natürlich jedesmal eindeutig entscheiden können, ob diese Eigenschaft in einem der betrachteten Ereignisse zutrifft oder nicht. Wir sagen dann auch, die Eigenschaft stelle ein Merkmal der betrachteten Ereignisfolge dar. Ein Merkmal ist also nichts anderes als eine Eigenschaft, von der wir bei jedem Ereignis der Folge entscheiden können, ob es diese Eigenschaft trägt oder nicht.

Ehe wir nun eine allgemeine Erklärung für die Wahrscheinlichkeit des Auftretens eines Merkmals in einer Folge bestimmter Ereignisse aufstellen, erläutern wir die Begriffe Ereignisfolge und Merkmal an einer Reihe von Beispielen. Ereignisfolgen, die wir zum Gegenstand einer statistischen Untersuchung machen können, sind zum Beispiel folgende: Die Geburten eines Geburtenregisters, die Würfe mit einem Würfel, die Messungen der Länge einer gegebenen Strecke, die Folge der Wiederholungen eines chemischen Experiments unter vorgegebenen Versuchsbedingungen, wiederholtes Schießen nach einer Scheibe, Drehung eines Roulettes, Ziehen von Kugeln oder Losen aus einer Urne, gleichzeitiges Würfeln mit zwei oder mehr Würfeln u. ä. Die Einzelereignisse dieser Folgen sind dabei die Geburt, der Wurf, die Messung, der chemische Versuch, der Schuß, Drehung des Roulettes, Ziehung einer Kugel und der Wurf mit mehreren Würfeln.

In allen diesen Fällen können wir nach den mannigfachsten Eigenschaften fragen, die diesen Ereignissen zukommen können. Wir fragen einmal, ob die geborenen Kinder Knaben oder Mädchen sind, dann, welche Haar- oder Augenfarbe sie haben. Beim Würfel können wir darauf achten, welche Augenzahl oben liegt oder auch ob diese Augenzahl gerade oder ungerade ist. Bei der Messung einer Strecke könnten wir entscheiden, ob die Messung bis auf den Fehler 1 die Länge 7 liefert, bei dem chemischen Versuch, ob die auftretende Höchsttemperatur 100 Grad überschreitet oder ob das Endprodukt eine bestimmte Farbe zeigt. Beim Schießen nach der Scheibe kann z. B. die geschossene Ringzahl, beim Roulette die gefallene Nummer, beim Ziehen von gefärbten Kugeln die Farbe der gezogenen Kugel, und schließlich, im letzten Beispiel, die Summe der oben liegenden Augenzahlen für uns von Wichtigkeit sein.

Alle diese Eigenschaften sind Merkmale der jeweils betrachteten Ereignisfolge und es gilt nun, festzulegen, ob und mit welcher Wahrscheinlichkeit ein solches Merkmal in der Ereignisfolge auftritt.

Wenn wir eine Folge von Ereignissen statistisch untersuchen wollen, so könnten wir die Forderung stellen, daß wir auf alle Merkmale der Ereignisse zu achten hätten. Meist wird das gar nicht möglich sein und anderseits ist es auch viel zu umständlich und unnütz, wenn wir doch hinterher nur einige der betrachteten Merkmale wirklich brauchen. Dann ist es schon zweckmäßiger, von vorneherein in spezieller Weise nur die besonderen, uns gerade angehenden Merkmale zu notieren. Wir haben das in der Einleitung getan, als wir statt der Folge der Geburten mit allen dazugehörigen Angaben des Registers nur die Folge $K, M, \ldots$ aufschrieben. Die so notierte Ereignisfolge müßten wir eigentlich eine

Merkmalfolge nennen; doch halten wir auch hier an der Bezeichnung Ereignisfolge fest.

4, 4. Festsetzung 4, 1. Begriff der Wahrscheinlichkeit. Es sei F eine Folge von Ereignissen: E_1, E_2, ... und X bedeute ein Merkmal dieser Ereignisfolge F. Dann gehört zu F die Folge der relativen Häufigkeiten $\varrho_n(X)$ für das Merkmal X : $\varrho_1(X), \varrho_2(X), \ldots$ Die Wahrscheinlichkeit für das Auftreten des Merkmals X in der Ereignisfolge ist dann der Grenzwert der Folge der relativen Häufigkeiten $\varrho_n(X)$ für das Merkmal X, falls dieser Grenzwert vorhanden ist. Wir bezeichnen diese Wahrscheinlichkeit mit $w^F(X)$.

Es ist also

(4, 1) $$w^F(X) = \lim_{n \to \infty} \varrho_n(X).$$

Ist kein Mißverständnis darüber möglich, um welche Folge es sich bei einer vorliegenden Wahrscheinlichkeit handelt, so schreiben wir der Kürze und Einfachheit wegen statt $w^F(X)$ kurz $w(X)$.

4, 5. Schon in der Einleitung hatten wir für die Größe der absoluten und relativen Häufigkeiten zwei Beziehungen aufgestellt:

(4. 2) $$0 \leqq a_n(X) \leqq n$$

und

(4, 3) $$0 \leqq \varrho_n(X) \leqq 1.$$

Danach ist nun auch sofort klar, daß eine Wahrscheinlichkeit als Grenzwert einer Folge von Zahlen, die zwischen Null und Eins liegen, auch nicht außerhalb dieses Intervalls liegen kann. Wir notieren also allgemein:

(4, 4) $$0 \leqq w(X) \leqq 1.$$

Würde ein Geburtenregister so aussehen: K, M, K, M, K, M, ..., so wäre die Folge der relativen Häufigkeiten für das Merkmal K

$$\frac{1}{1}\quad \frac{1}{2}\quad \frac{2}{3}\quad \frac{2}{4}\quad \frac{3}{5}\quad \frac{3}{6}\quad \frac{4}{7}\quad \frac{4}{8}\ldots$$

In diesem Falle ist also die Wahrscheinlichkeit vorhanden und der Wert derselben ist $\frac{1}{2}$. In einer Würfelfolge der Gestalt

1 2 3 4 5 6 1 2 3 4 5 6 1 2 3 4 5 6 ...

ergibt sich als Folge der relativen Häufigkeiten für 5:

$$\frac{0}{1}\ \frac{0}{2}\ \frac{0}{3}\ \frac{0}{4}\ \frac{1}{5}\ \frac{1}{6}\ \frac{1}{7}\ \frac{1}{8}\ \frac{1}{9}\ \frac{1}{10}\ \frac{2}{11}\ \frac{2}{12}\ \frac{2}{13}\ \frac{2}{14}\ \frac{2}{15}\ \frac{2}{16}\ \frac{3}{17}\ \frac{3}{18}\ \frac{3}{19}\ \frac{3}{20}\ \frac{3}{21}\ \frac{3}{22}\ldots.$$

Also ergibt sich, daß die Wahrscheinlichkeit für 5 vorhanden und gleich $^1/_6$ ist.

4, 6. Es erhebt sich nun die Frage, was denn das Vorhandensein der Wahrscheinlichkeit $w(X)$ für das Merkmal X nicht nur für die relativen, sondern auch für die absoluten Häufigkeiten dieses Merkmals bedeutet. Um diese Frage zu beantworten, brauchen wir nur auf die obige Erklärung der Wahrscheinlichkeit und die des Grenzwertbegriffs im vorigen Kapitel zurückzugreifen.

Nach der Festsetzung der Wahrscheinlichkeit ist:

$$w(X) = \lim_{n \to \infty} \varrho_n (X)$$

Das ist aber nach dem Begriff des Grenzwertes in der Form der Festsetzung 2, 2 des vorigen Kapitels gleichbedeutend damit, daß die folgenden Bedingungen erfüllt sind:

Die Glieder der Folge $\varrho_1(X), \varrho_2(X), \ldots$ liegen

1) von einer Stelle ab zwischen $w(X) - 1$ und $w(X) + 1$
2) von einer weiteren Stelle an zwischen $w(X) - {}^1/_{10}$ und $w(X) + {}^1/_{10}$
3) von einer weiteren Stelle an zwischen $w(X) - {}^1/_{100}$ und $w(X) + {}^1/_{100}$

⋮

usw.

Wir erkennen, daß erst die zweite Bedingung an die $\varrho_n(X)$ eine wirkliche Forderung stellt; denn die erste ist doch wegen der für die ϱ_n geltenden Ungleichung (4, 3) $0 \leqq \varrho_n \leqq 1$ sicher erfüllt.

Daß also das Merkmal X in der Folge F eine Wahrscheinlichkeit besitzt, ist nach dem Gesagten gleichbedeutend mit dem Bestehen der folgenden Ungleichungen:

1) für alle n oberhalb einer Stelle ist

$$w(X) - 1 \leqq \varrho_n \leqq w(X) + 1\ ^{1)}$$

2) für alle n oberhalb einer weiteren Stelle ist

$$w(X) - \frac{1}{10} \leqq \varrho_n \leqq w(X) + \frac{1}{10}$$

3) für alle n oberhalb einer weiteren Stelle ist

$$w(X) - \frac{1}{100} \leqq \varrho_n \leqq w(X) + \frac{1}{100}$$

⋮

usw.

4, 7. Damit ist die Frage, wie sich die Existenz der Wahrscheinlichkeit auf die relativen Häufigkeiten auswirkt, erledigt. Der Einfluß dieser Bedingungen auf die absoluten Häufigkeiten läßt sich nun ebenfalls sofort aus diesen Ungleichungen bestimmen, wenn wir uns daran erinnern, daß $\varrho_n = \frac{a_n}{n}$ oder, was dasselbe ist, $a_n = n\varrho_n$. Dann erhalten wir aus den obigen Ungleichungen die folgenden:

1) von einer Stelle an ist

$$n \cdot w(X) - n \leqq a_n \leqq n \cdot w(X) + n\ ^{1)}$$

2) von einer weiteren Stelle an ist dann

$$n \cdot w(X) - \frac{1}{10} n \leqq a_n \leqq n \cdot w(X) + \frac{1}{10} n$$

---

[1]) Wie schon bemerkt, ist diese Ungleichung wegen (4, 3) sicher erfüllt.

3) von einer weiteren Stelle an ist

$$n \cdot w(X) - \frac{1}{100} n \leqq a_n \leqq n \cdot w(X) + \frac{1}{100} n$$

⋮

usw.

Wegen ihrer Wichtigkeit erläutern wir diese Bedingungen nochmals an einem speziellen Wert für $w(X)$. Es sei jetzt $w(X) = 0{,}9$. Dann besagen die obigen Bedingungen folgendes:

Von einer Stelle an liegt

1) $a_n(X)$ zwischen $0{,}9\ n - 1 \cdot n$ und $0{,}9\,n + 1 \cdot n$ [1])

2) $a_n(X)$ zwischen $0{,}9\ n - 0{,}1\ n$ und $0{,}9\,n + 0{,}1\ n$
also $0{,}80\,n \leqq a_n \leqq 1 \cdot n$

3) $a_n(X)$ zwischen $0{,}9\ n - 0{,}01\,n$ und $0{,}9\,n + 0{,}01\,n$
also $0{,}89\,n \leqq a_n \leqq 0{,}91\,n$

Selbst wenn also die zweite Bedingung für $n = 1000000$ schon erfüllt ist, kann die absolute Häufigkeit $a_{1000000}(X)$ immer noch schwanken zwischen 800000 und 1000000. Wir sehen, daß der Unterschied zwischen a_n und $n \cdot w(X)$ durchaus nicht klein zu sein braucht. Man könnte dagegen einwenden, daß aber nach der dritten Bedingung die absolute Häufigkeit $a_{1000000}$ dann schon zwischen 890000 und 910000 liegen müsse. Dieser Schluß ist aber nur dann berechtigt, wenn die dritte Bedingung an der Stelle 1000000 schon erfüllt ist. Das aber braucht nicht unbedingt zuzutreffen, sondern es ist sehr wohl möglich, daß diese dritte Bedingung erst von der Stelle 10000000 an erfüllt ist. Es kann dann $a_{10000000}$ noch zwischen 8900000 und 9100000 liegen. Die Abweichung der absoluten Häufigkeit von der Größe $n \cdot w(X)$ ist dann absolut genommen noch immer die gleiche wie vorhin. Wir stellen aber fest, daß relativ zu der Größe von n die „mögliche Schwankung" geringer geworden ist; betrug sie zunächst noch $^1/_{10}\,n$, so ist sie jetzt nur noch $^1/_{100}\,n$.

Wir können also aus den obigen Bedingungen keineswegs schließen, daß etwa der Unterschied zwischen $n \cdot w(X)$ und a_n gering wird, sondern nur, daß dieser Unterschied relativ zu n klein wird. Wir können daher nicht sagen, daß die absoluten Häufigkeiten im Laufe der Zeit immer mehr in die Nähe von $n \cdot w(X)$ fallen; das würde Bedingungen nach sich ziehen, die von den oben aufgestellten durchaus verschieden sind [2]).

Wohl aber können wir behaupten, daß die Größen a_n im Laufe der Zeit relativ zu n immer mehr in die Nähe von $n \cdot w(X)$ fallen, womit wir also meinen, daß der Unterschied zwischen a_n und $n \cdot w(X)$ mit wachsenden n relativ zu n klein wird, nämlich schließlich kleiner als $^1/_{10}\,n$, schließlich kleiner als $^1/_{100}\,n$ usw.

---

[1]) Anm. S. 22.

[2]) Der Unterschied zwischen diesen beiden Fällen soll im Anhang Teil 2 näher auseinandergesetzt werden.

Auf diesen Sachverhalt werden wir noch öfter zurückgreifen müssen und daher legen wir eine kurze Ausdrucksweise fest. Wir treffen folgende

Festsetzung 4, 2. Erfüllen die absoluten Häufigkeiten folgende Bedingungen

1) Von einer Stelle an ist

$$n \cdot w(X) - 1 \cdot n \leq a_n \leq n \cdot w(X) + 1 \cdot n$$

2) von einer weiteren Stelle an ist

$$n \cdot w(X) - {}^1/_{10}\, n \leq a_n \leq n \cdot w(X) + {}^1/_{10}\, n$$

3) von einer weiteren Stelle an ist

$$n \cdot w(X) - {}^1/_{100}\, n \leq a_n \leq n \cdot w(X) + {}^1/_{100}\, n$$

⋮

usw.,

so sagen wir, daß die Größen a_n **relativ zu n in der Nähe von $n \cdot w(X)$** liegen.

Wir können dann behaupten:

Satz 4, 1. Die Existenz der Wahrscheinlichkeit $w(X)$ für das Merkmal X einer Ereignisfolge ist gleichbedeutend damit, daß die absoluten Häufigkeiten $a_n(X)$ dieses Merkmals relativ zu n in der Nähe von $n \cdot w(X)$ liegen.

4, 3. Das Ergebnis des vorigen Absatzes läßt schon erwarten, daß wir daraus, daß die Wahrscheinlichkeit eines Merkmals Null ist, nicht schließen können, daß das Merkmal überhaupt nicht auftritt. Es ist leicht, solche Beispiele von Ereignisfolgen zu bilden, in denen ein bestimmtes Merkmal auftritt und in denen trotzdem die Wahrscheinlichkeit dieses Merkmals Null ist.

Wenn sich zum Beispiel beim Würfeln mit einem Würfel die Reihe der folgenden Augenzahlen ergibt:

2 2 1 1 1 1 1 1 1 1 1 1 1 1 ...

so tritt zwar gleich zu Anfang das Merkmal 2 auf, dann aber von einer Stelle an überhaupt nicht mehr. Die Folge der relativen Häufigkeiten sieht also so aus:

$$\frac{1}{1} \quad \frac{2}{2} \quad \frac{2}{3} \quad \frac{2}{4} \quad \frac{2}{5} \quad \frac{2}{6} \quad \frac{2}{7} \quad \frac{2}{8} \quad \frac{2}{9} \cdots$$

Diese Folge ist, wie wohl klar ist, und wie sich außerdem aus den Beispielen des § 1 und Satz 3, 2 ergibt, sicher eine Nullfolge. Damit ist also

$$\lim_{n \to \infty} \varrho_n(2) = w(2) = 0$$

Fast ebenso leicht ist es, eine Folge anzugeben, in der $w(2) = 0$ ist und in der das Merkmal 2 nicht nur endlich oft, sondern sogar unendlich oft auftritt. Das ist z. B. in der folgenden Ereignisfolge der Fall:

1. 2. ... 9. 10. 11. ... 99. 100. 101. ... 999. 1000. 1001.

1 1 ... 1 2 1 ... 1 2 1 ... 1 2 1 ...

Die Folge der ϱ_n ist dann:

$$0 \quad 0 \ldots 0 \quad \frac{1}{10} \quad \frac{1}{11} \cdots \frac{1}{99} \quad \frac{2}{100} \quad \frac{2}{101} \cdots \frac{2}{999} \quad \frac{3}{1000} \quad \frac{3}{1001} \cdots$$

Darin ist

1) von vorneherein $-1 \leqq \varrho_n \leqq +1$
2) von vorneherein $-{}^1/_{10} \leqq \varrho_n \leqq +{}^1/_{10}$
3) sicher von der Nummer 1000 ab
$$-{}^1/_{100} \leqq \varrho_n \leqq +{}^1/_{100}$$
⋮

usw.

Also ist auch hier

$$\lim_{n\to\infty} \varrho_n(2) = w(2) = 0$$

Die Aussage, daß die Wahrscheinlichkeit eines Merkmals Null ist, ist demnach nicht gleichbedeutend mit der Unmöglichkeit des Auftretens dieses Merkmals.

Entsprechendes ist aus den beiden angegebenen Beispielen für den Fall abzulesen, daß die Wahrscheinlichkeit eines Merkmals Eins ist, wenn wir statt auf das Merkmal 2 auf das Merkmal 1 achten. Daraus ergibt sich dann:

Die Aussage, daß die Wahrscheinlichkeit eines Merkmals Eins ist, ist nicht gleichbedeutend mit der Gewißheit des Auftretens dieses Merkmals.

In einem anderen Aufbau der Wahrscheinlichkeitsrechnung, auf den wir noch in diesem Kapitel zu sprechen kommen, liegen die Dinge in dieser Hinsicht anders.

4, 9. Hat ein Merkmal X in einer Ereignisfolge eine von Null verschiedene Wahrscheinlichkeit, so kann es in dieser Ereignisfolge nicht nur endlich oft auftreten; denn dann wäre sein Grenzwert der relativen Häufigkeiten, d. h. seine Wahrscheinlichkeit Null, was aber nach der Voraussetzung gerade nicht der Fall sein soll. Das betrachtete Merkmal muß also in der Ereignisfolge unendlich oft auftreten. Wir haben damit ein Ergebnis gewonnen, das wir später noch öfter benutzen werden und das wir daher nochmals ausdrücklich formulieren.

Satz 4, 2. Hat das Merkmal X eine von Null verschiedene Wahrscheinlichkeit $w(X)$, so tritt es in der Ereignisfolge F unendlich oft auf.

4, 10. Bis jetzt haben wir das Vorhandensein einer Wahrscheinlichkeit immer ausdrücklich vorausgesetzt oder nachgeprüft. Diese Vorsicht wäre dann unnötig, wenn es zu jeder Folge eine Wahrscheinlichkeit ihrer Merkmale gibt. Das ist aber nicht der Fall, wir können vielmehr sofort ein Beispiel für eine Ereignisfolge angeben, in der Merkmale auftreten, die keine Wahrscheinlichkeiten haben. Wir betrachten die Ereignisfolge:

1.	2.	...	10.	11.	...	100.	101.	...	1000.	1001.	...
1	2	...	2	1	...	1	2	...	2	1	...

mit den beiden Merkmalen 1 und 2. Stellen wir dazu die Folge der relativen Häufigkeiten für das Merkmal 1 auf, so erhalten wir folgendes:

Es ist

$$\begin{aligned} &\varrho_1 = 1, \ldots, && \varrho_{10} = {}^1/_{10} \\ &\varrho_{100} > {}^9/_{10}, \ldots, && \varrho_{1000} < {}^1/_{10} \\ &\varrho_{10000} > {}^9/_{10} \ldots, && \varrho_{100000} < {}^1/_{10} \end{aligned}$$

usw.

Die relativen Häufigkeiten für das Merkmal 1 pendeln also dauernd zwischen Werten, die größer als ${}^9/_{10}$ sind, und solchen, die kleiner als ${}^1/_{10}$ sind, hin und her. Dann kann aber die Folge dieser relativen Häufigkeiten sicher keinen Grenzwert haben. Es gibt also jedenfalls Folgen mit Merkmalen, die keine Wahrscheinlichkeit haben. Wir werden zwar der Überzeugung sein, daß dies nur bei so künstlich zurechtgemachten Folgen, wie die obige, eintritt und daß wir bei statistischen Folgen immer eine Wahrscheinlichkeit ihrer Merkmale haben. Mit diesen Fragen werden wir uns erst zum Schluß dieses Kapitels beschäftigen und wir müssen daher jedenfalls die Voraussetzung, daß die Wahrscheinlichkeit vorhanden ist, bis dahin ausdrücklich erwähnen oder ihr Zutreffen nachprüfen.

§ 5. Mischungsregel.

5, 1. Wissen wir, daß die Merkmale 2, 4, 6 eines Würfels eine Wahrscheinlichkeit haben, so erwarten wir schon rein gefühlsmäßig, daß dann auch das Merkmal gerade, d. h. doch, der Wurf zeigt entweder 2 oder 4 oder 6, eine Wahrscheinlichkeit hat und daß außerdem

$$w\,(\text{gerade}) = w\,(2) + w\,(4) + w\,(6).$$

Da wir genaue Begriffe für die Wahrscheinlichkeit festgelegt haben, gilt es nun, die Richtigkeit oder auch Unrichtigkeit der ausgesprochenen Vermutung aus diesen Begriffen heraus nachzuweisen.

Wir stellen uns die allgemeinere Aufgabe, zu untersuchen, ob nicht immer in der obigen Weise aus gegebenen Merkmalen neue zusammengesetzt bzw. schon bekannte auf sie zurückgeführt werden können und wie sich dann aus den Wahrscheinlichkeiten der Grundmerkmale die der zusammengesetzten Merkmale berechnen lassen.

5, 2. Sind zu einer Ereignisfolge eine Reihe von verschiedenen Merkmalen gegeben, so sprechen wir auch von einem Merkmalsystem zu dieser Ereignisfolge. Wir haben nun zunächst verschiedene wichtige Fragen über diese Merkmalsysteme und ihre Bezeichnung zu klären. Wir bilden für das Würfeln eine Reihe von Merkmalpaaren:

I.		II.	
	3,6		3, ungerade
	3, gerade		$> 2, > 3$
	gerade, ungerade		
	$> 2, \leq 2.$		

Zwischen den Paaren der ersten und zweiten Gruppe besteht ein bemerkenswerter Unterschied. In der ersten Gruppe schließen die zu einem Paar zusammengefaßten Merkmale einander aus; ein Wurf kann nicht gleichzeitig beide miteinander gepaarten Merkmale zeigen, sondern immer nur höchstens eines derselben. Das ist bei den Paaren der Gruppe II nicht der Fall. Wir treffen nun allgemein die

Festsetzung 5, 1. Wir sagen, X und Y sind zwei **sich ausschließende Merkmale** der Ereignisfolge F, wenn es unmöglich ist, daß ein Ereignis E der Folge F gleichzeitig beide Merkmale X und Y zeigt.

Haben wir ein Merkmalsystem von mehr als zwei Merkmalen und schließen sich je zwei dieser Merkmale untereinander aus, so sprechen wir von einem System sich gegenseitig ausschließender Merkmale. Ein solches System bilden z. B. die Augenzahlen eines Würfels 1, 2, 3, 4, 5, 6 oder auch 1, 2, 3, 4. Dagegen ist das System „1, 2, 3, 4, ungerade" kein derartiges System.

Festsetzung 5, 2. Ein Merkmalsystem $X_1, \ldots, X_s$ verschiedener Merkmale wird als ein **System sich ausschließender Merkmale** bezeichnet, wenn je zwei Merkmale des Systems sich untereinander ausschließen.

5, 3. In ähnlicher Weise sollen die folgenden Beispiele eine andere Eigenschaft der Merkmalsysteme klarstellen. Auch hier unterscheiden sich die Merkmalsysteme der ersten Gruppe in einer ganz bestimmten Art von denen der zweiten.

I.	II.
1, 2, 3, 4, 5, gerade	1, 2, 6, gerade
gerade, ungerade	1, 2, 4, ungerade
$\leqq 4$, $\geqq 2$	< 2, > 4

Bei den Merkmalsystemen der Gruppe I zeigt jeder Wurf mindestens eines der dort zusammengefaßten Merkmale, während es bei den Merkmalsystemen der Gruppe II vorkommen kann, daß ein Wurf keines der Merkmale des Systems zeigt, sondern eines, welches unter diesen nicht vorhanden ist.

Z. B. wenn bei Betrachtung des ersten Systems der Gruppe II „5", beim zweiten „6", beim letzten „3" fällt.

In diesem Sinne sind die Systeme der ersten Gruppe vollständig, die der zweiten aber nicht. Allgemein ist die folgende Festsetzung zu treffen:

Festsetzung 5, 3. Sind $X_1 \ldots, X_s$ Merkmale der Ereignisfolge F, so nennen wir das System $X_1, \ldots, X_s$ dieser Merkmale ein **vollständiges System,** wenn jedes der Ereignisse der Ereignisfolge F wenigstens eines der Merkmale $X_1, \ldots, X_s$ des Systems tragen muß.

5, 4. Neben der Ereignisfolge sei jetzt das Merkmalsystem $X_1, \ldots, X$ gegeben. Zu jedem der Ereignisse der gegebenen Ereignisfolge ist dann wegen der Festlegung des Merkmalbegriffs entschieden, ob und welche Merkmale des Systems $X_1 \ldots, X_s$ es trägt und welche nicht. Über den Charakter dieses Merkmalsystems setzen wir dabei vorläufig noch nichts voraus. Wir wollen nun darauf achten, ob auf ein Ereignis der gegebenen Ereignisfolge wenigstens eines der Merkmale $X_1, \ldots, X_s$ des betrachteten Merkmalsystems zutrifft.

Das würde also heißen, daß ein Ereignis entweder das Merkmal X_1 oder das Merkmal $X_2, \ldots$ oder das Merkmal X_s, vielleicht auch mehrere dieser Merkmale trägt. Wir fragen damit nach einem neuen Merkmal, einer neuen Eigenschaft der Ereignisse der Folge F, nämlich nach dem Merkmal: „Das Ereignis trägt wenigstens eines der Merkmale des Merkmalsystems $X_1, \ldots, X_s$“ oder m. a. W. „es trägt entweder X_1 oder $X_2 \ldots$ oder X_s, vielleicht mehrere“. Wir sagen, daß das neue Merkmal aus denen des gegebenen Merkmalsystems durch Mischung entstanden sei.

Festsetzung 5, 4. Die **Mischung der Merkmale** $X_1, \ldots, X_s$ eines gegebenen Merkmalsystems ist das Merkmal: „Es trifft wenigstens eines, vielleicht auch mehrere, der Merkmale $X_1, \ldots, X_s$ auf das Ereignis zu“ oder m. a. W. „es trifft entweder X_1 oder $X_2, \ldots$ oder X_s zu.“

Wir bezeichnen die Mischung einfach dadurch, daß wir die Merkmale des gegebenen Merkmalsystems durch eine runde Klammer zusammenfassen:

$$\text{Mischung von } X_1, \ldots, X_s = (X_1, \ldots, X_s).$$

Nach dieser Festsetzung ist bei einem Würfel die Mischung (2, 4, 6) der drei Merkmale 2, 4, 6 das Merkmal „gerade“, das Merkmal „ungerade“ die Mischung (1, 3, 5); das Merkmal „> 2“ ist die Mischung (3, 4, 5, 6).

5, 5. Wir stellen uns nun die Aufgabe, die Wahrscheinlichkeit dieses neuen Merkmals, Mischung der Merkmale $X_1, \ldots, X_s$, auf die Wahrscheinlichkeiten der Einzelmerkmale $X_1, \ldots, X_s$ zurückzuführen. Dazu greifen wir auf die absoluten Häufigkeiten der einzelnen Merkmale zurück. Das Merkmal Mischung von $X_1, \ldots, X_s$, also $(X_1, \ldots, X_s)$‘ kann bei einem Ereignis der Ereignisfolge F nur dann fallen, wenn wenigstens eines der Merkmale $X_1, \ldots, X_s$ bei diesem Ereignis fällt. Daher ist die absolute Häufigkeit für das Zutreffen des Merkmals Mischung $(X_1, \ldots, X_s)$ bis zur Nummer n sicher nicht größer als die Summe der absoluten Häufigkeiten der Grundmerkmale $X_1, \ldots, X_s$ bis zu dieser Nummer n. Das heißt in Formeln, daß

$$(5,\ 1)\quad a_n(X_1, \ldots, X_s) \leq a_n(X_1) + a_n(X_2) + \ldots + a_n(X_s).$$

Eigentlich müßten wir die linke Seite dieser Ungleichung, die absolute Häufigkeit des Merkmals Mischung $(X_1, \ldots, X_s)$ in der folgenden Weise schreiben: $a_n((X_1, \ldots, X_s))$. Da hier kein Mißverständnis zu befürchten ist, sparen wir uns eine der beiden Klammern. Entsprechendes ist für die Bezeichnung der Wahrscheinlichkeit der Mischung zu berücksichtigen.

Ohne weitere Voraussetzungen über das Merkmalsystem kann in der obigen Ungleichung das Ungleichheitszeichen nicht durch das Gleichheitszeichen ersetzt werden; denn ein Ereignis von F kann mehrere der Grundmerkmale gleichzeitig tragen, und diese Fälle werden dann auf der rechten Seite von (5, 1) mehrfach, auf der linken Seite nur einfach gezählt. Deshalb kann die linke Seite der Ungleichung (5, 1) wirklich kleiner sein als die rechte. Allgemein können wir noch sagen, daß die absolute Häufigkeit der Mischung größer oder höchstens gleich der absoluten Häufigkeit jedes einzelnen der Grundmerkmale ist. Zwischen diesen Grenzen aber kann die absolute Häufigkeit der Mischung in beliebiger

Weise hin und her pendeln. Entsprechend schwanken dann auch die relativen Häufigkeiten der Mischung zwischen den einzelnen relativen Häufigkeiten der Grundmerkmale und der Summe aller dieser relativen Häufigkeiten. Selbst wenn wir nun wissen, daß die relativen Häufigkeiten aller Grundmerkmale einen Grenzwert haben, so ist damit keineswegs gesagt, daß die relative Häufigkeit der Mischung sich einem Grenzwert nähert. Auch wenn allen Einzelmerkmalen eine Wahrscheinlichkeit zukommt, braucht also die Mischung dieser Merkmale doch keine Wahrscheinlichkeit zu haben.

5, 6. Erst wenn das Merkmalsystem $X_1, \ldots, X_s$ ein System sich ausschließender Merkmale ist, kann das nicht mehr eintreten. Jetzt können nicht mehr mehrere Grundmerkmale $X_1, \ldots, X_s$ auf einmal bei einem Ereignis zutreffen, die Mischung muß dann genau so oft eintreten, wie die einzelnen Merkmale bis dahin zusammen aufgetreten sind.

Für ein System sich gegenseitig ausschließender Merkmale ist also

$$(5,\ 2)\qquad a_n(X_1, \ldots, X_s), = a_n(X_1) + a_n(X_2) + \ldots + a_n(X_s).$$

Dann folgt aber, indem wir beide Seiten dieser Gleichung durch n dividieren, die weitere Beziehung

$$(5,\ 3)\qquad \varrho_n(X_1, \ldots, X_s) = \varrho_n(X_1) + \varrho_n(X_2) + \ldots + \varrho_n(X_s).$$

Haben nun alle Merkmale des betrachteten Merkmalsystems eine Wahrscheinlichkeit, so sind die Grenzwerte aller relativen Häufigkeiten der rechten Seite der Gleichung vorhanden. Nach dem Satz 3, 7 aus § 3 ist dann auch der Grenzwert auf der linken Seite vorhanden und gleich der Summe der Grenzwerte der rechten Seite. Es ist demnach

$$\lim_{n\to\infty} \varrho_n(X_1, \ldots, X_s) = \lim_{n\to\infty} \varrho_n(X_1) + \ldots + \lim_{n\to\infty} \varrho_n(X_s).$$

Also ist $w(X_1, \ldots, X_s)$ vorhanden und gleich der Summe der Wahrscheinlichkeiten der Grundmerkmale. Damit haben wir den folgenden wichtigen Satz bewiesen:

Satz 5, 1. Mischungsregel. Haben in einem Merkmalsystem sich ausschließender Merkmale alle Merkmale $X_1, \ldots, X_s$ eine Wahrscheinlichkeit, so hat auch die Mischung dieser Merkmale eine Wahrscheinlichkeit, und die Wahrscheinlichkeit der Mischung ist gleich der Summe der Wahrscheinlichkeiten der einzelnen Merkmale.

Es gilt also unter den gemachten Voraussetzungen

$$(5,\ 4)\qquad w(X_1, \ldots, X_s) = w(X_1) + \ldots + w(X_s).$$

5, 7. Haben wir in $X_1, \ldots, X_s$ ein vollständiges System von Merkmalen einer Ereignisfolge, so zeigt jedes Ereignis wenigstens eines dieser Merkmale; das Merkmal Mischung aller Grundmerkmale fällt mit jedem Ereignis der Ereignisfolge. Die n-te absolute Häufigkeit der Mischung ist daher gleich n, $a_n(X_1, \ldots, X_s) = n$. Dann ist immer $\varrho_n(X_1, \ldots, X_s)$ und auch der Grenzwert der relativen Häufigkeiten, d. h. die Wahrscheinlichkeit der Mischung, gleich Eins.

Satz 5. 2. Die Mischung eines vollständigen Systems von Merkmalen hat immer eine Wahrscheinlichkeit, nämlich die Wahrscheinlichkeit Eins.

5, 8. Bedeutung gewinnt dieses Resultat erst in Verbindung mit der vorhin bewiesenen Mischungsregel. Diese beiden Sätze ergeben zusammen unmittelbar das folgende Ergebnis:

Satz 5, 3. Ist $X_1, \ldots, X_s$ ein vollständiges System sich ausschließender Merkmale, die alle Wahrscheinlichkeiten besitzen, so ist die Summe aller dieser Wahrscheinlichkeiten gleich Eins.

$$w(X_1) + \ldots + w(X_s) = 1. \tag{5, 5}$$

Haben z. B. beim Würfel alle Augenzahlen von 1, ..., 6 eine Wahrscheinlichkeit, so ist $w(1) + w(2) + w(3) + w(4) + w(5) + w(6) = 1$.

Dieser Satz kann uns dazu dienen, unter den gemachten Voraussetzungen eine der Wahrscheinlichkeiten $w(X_1)$ bis $w(X_s)$ zu berechnen, wenn die anderen gegeben sind. Wir werden im Anhang, Teil 3, noch zeigen, daß wir dabei die Existenz der gesuchten Wahrscheinlichkeit nicht einmal brauchen. Es genügt nämlich zu wissen, daß die anderen $s-1$ Wahrscheinlichkeiten vorhanden sind.

5, 9. Haben wir speziell ein System von zwei einander ausschließenden Merkmalen mit den beiden Wahrscheinlichkeiten p und q, so ist nach der Formel (5, 5)

$$q = 1 - p. \tag{5, 6}$$

Dieser Fall ist deshalb wichtig, weil er immer dann auftritt, wenn wir einmal nach der Wahrscheinlichkeit p für das Auftreten eines bestimmten Merkmals und daneben nach der Wahrscheinlichkeit q für das Nichtauftreten desselben Merkmals fragen. Diese beiden Fälle Auftreten und Nichtauftreten schließen einander aus; wir erhalten daher $q = 1 - p$.

Ist z. B. in einer durch Würfeln entstandenen Folge die Wahrscheinlichkeit für das Auftreten der 5 vorhanden und etwa $^1/_7$, so ist auch die Wahrscheinlichkeit für das Nichtauftreten der 5 vorhanden, und zwar ist diese $^6/_7$.

§ 6. Symmetrische Merkmale.

6, 1. Die Aussage, daß zwei verschiedene Merkmale sich als statistisch gleichwertig oder, wie wir auch sagen, symmetrisch erwiesen haben, kann vernünftigerweise nur so verstanden werden, daß sich die Gleichheit der Wahrscheinlichkeiten der beiden Merkmale herausgestellt hat. Auf Grund des Wahrscheinlichkeitsbegriffes erhalten wir so eine einfache und genaue Festlegung des Begriffs der statistisch symmetrischen Merkmale. Solange keine Verwechslung möglich ist, sagen wir statt statistisch symmetrisch auch symmetrisch schlechthin.

Festsetzung 6, 1. Zwei Merkmale X und Y sind **statistisch symmetrisch,** wenn beide Wahrscheinlichkeiten haben und ihre Wahrscheinlichkeiten einander gleich sind.

6, 2. Nach dieser Festsetzung ist die Entscheidung über die Symmetrie zweier Merkmale erst nach der Feststellung ihrer Wahrscheinlichkeiten, also gewissermaßen erst nachträglich zu fällen. Jedoch sind wir oft, z. B. bei vielen Glücksspielen, von vornherein davon überzeugt, daß die auftretenden Merkmale symmetrisch sind[1]). Dann können wir für ein vollständiges System sich ausschließender, symmetrischer Merkmale die auftretenden Wahrscheinlichkeiten berechnen. Es gilt nämlich

Satz 6, 1. Ist $X_1, \ldots, X_m$ ein vollständiges System von m sich ausschließenden und symmetrischen Merkmalen, so ist

$$(6,\,1) \qquad w(X_1) = w(X_2) = \cdots = w(X_m) = \frac{1}{m}.$$

Denn nach dem Satz über die Mischung eines vollständigen Systems sich ausschließender Merkmale ist zunächst einmal

$$w(X_1) + \cdots + w(X_m) = 1$$

und da zudem wegen der Symmetrie der Merkmale

$$w(X_1) = \cdots = w(X_m),$$

so ergibt sich

$$m \cdot w(X_1) = 1$$

und somit

$$w(X_1) = \frac{1}{m}.$$

Sowie die entsprechenden Formeln für die übrigen Merkmale. Damit ist aber die Behauptung des Satzes 6, 1 bewiesen.

6, 3. Betrachten wir nicht nur ein Merkmal des ganzen, vollständigen Systems sich ausschließender, symmetrischer Merkmale $X_1, \ldots, X_m$, sondern greifen wir aus diesem irgendwelche Merkmale $X_{\alpha_1}, \ldots, X_{\alpha_g}$ der Anzahl g heraus, so ist nach der Mischungsregel, die wir anwenden können, weil auch die Merkmale des Teilsystems sich untereinander ausschließen,

$$w(X_{\alpha_1}, \cdots, X_{\alpha_g}) = w(X_{\alpha_1}) + \cdots + w(X_{\alpha_g}) = \frac{1}{m} + \cdots + \frac{1}{m}.$$

Da aber auf der rechten Seite insgesamt g Summanden stehen, ist also

$$w(X_{\alpha_1}, \cdots, X_{\alpha_g}) = \frac{g}{m}$$

Es gilt der

Satz 6, 2. Die Wahrscheinlichkeit der Mischung eines Teilsystems von g Merkmalen aus einem vollständigen System von m sich ausschließenden, symmetrischen Merkmalen ist

$$(6,\,2) \qquad w(X_{\alpha_1}, \cdots, X_{\alpha_g}) = \frac{g}{m}$$

Dabei ist offenbar g die Zahl der der Mischung „günstigen" Fälle, m die Anzahl der möglichen Fälle. Wir können mithin den bewiesenen Satz auch in der folgenden Weise aussprechen:

---

[1]) Wir werden uns hiermit später, im letzten Paragraphen dieses Kapitels, noch ausführlich beschäftigen.

Satz 6, 2*. Die Wahrscheinlichkeit der Mischung eines Teilsystems von Merkmalen aus einem vollständigen System sich ausschließender und symmetrischer Merkmale ist gleich der Anzahl der der Mischung günstigen Fälle geteilt durch die Anzahl der überhaupt möglichen Fälle.

Z. B. ist also für eine Folge von Würfen mit einem Würfel, in welcher alle 6 Merkmale 1, . . ., 6 symmetrisch sind, die Wahrscheinlichkeit für die Mischung gerade $^3/_6$, die für die Mischung (1, 2, 3, 4, 5) gleich $^5/_6$.

6, 4. Dieser Satz, daß die Wahrscheinlichkeit gleich der Zahl der günstigen geteilt durch die Zahl der möglichen Fälle ist, ist nur unter ganz bestimmten, engen Voraussetzungen bewiesen. Wir müssen davor warnen, diesen Satz ohne die Kontrolle dieser Voraussetzungen anzuwenden oder ihn gar, wie es nicht selten geschieht, ohne die nötige Vorsicht als Definition der Wahrscheinlichkeit zu benutzen.

§ 7. Nachträgliche Wahrscheinlichkeiten und Unabhängigkeit.

7, 1. Wir wenden uns nun zunächst an einem Beispiel einer ganz anderen Fragestellung zu. Wie können wir grundsätzlich feststellen, ob zwischen dem Geschlecht von Neugeborenen und ihrer Augenfarbe eine Abhängigkeit besteht oder nicht? Zur Vereinfachung unterscheiden wir nur zwischen den Augenfarben blau und nicht blau. Diese beiden Merkmale bezeichnen wir durch die Buchstaben B und nB. Dann betrachten wir eine genügend große Anzahl von Geburten in einer Stadt oder auch in einem irgendwie anders abgegrenzten Bereich. Wir sehen nun zu, wieviele der Kinder blauäugig sind. Der Quotient b/n aus der Anzahl b der blauäugigen Kinder und der Gesamtzahl n aller untersuchten Kinder ist die Endrelativhäufigkeit der blauäugigen Kinder in der betrachteten Gesamtheit. Aus allen diesen Kindern, die insgesamt untersucht sind, greifen wir nur die Knaben heraus; hierbei möge sich die Anzahl n_1 ergeben. Die Knaben bilden eine Teilgesamtheit der ursprünglich untersuchten Kinder. Wir bestimmen unter diesen die Anzahl b_1 der blauäugigen Knaben; in dem Quotienten b_1/n_1 erhalten wir so schließlich die Endrelativhäufigkeit der blauäugigen unter den n_1 geborenen Knaben.

Nun vergleichen wir diese beiden Endrelativhäufigkeiten b/n und b_1/n_1. Ist dann b_1/n_1 wesentlich größer als b/n, so schließen wir, daß zwischen dem männlichen Geschlecht und der Blauäugigkeit eine Anziehung besteht, ist aber b_1/n_1 wesentlich kleiner als b/n, so schließen wir auf eine Abstoßung. Sind b/n und b_1/n_1 nicht wesentlich voneinander verschieden, so glauben wir, daß das Geschlecht und die Augenfarbe voneinander unabhängig sind.

Offenbar ist hierbei die Beantwortung der Frage, ob man kleine Unterschiede zwischen b/n und b_1/n_1 als genügend ansieht, um auf Anziehung oder Abstoßung zu schließen, abhängig von der Zahl der untersuchten Fälle. Je größer diese Anzahl ist, um so eher ist man geneigt, kleine Unterschiede als ausreichend dafür anzusehen, daß endgültig eine — wenn auch schwache — Abhängigkeit besteht.

In dieser Darstellung der Methode, die tatsächlich allein die Untersuchungsmethode der induktiven Wissenschaften sein kann, befinden sich zwei — auch grundsätzlich endgültig bestehende und nicht restlos zu beseitigende — Unklarheiten; nämlich einmal die Frage, ob das gewählte n groß genug ist, und zweitens die, ob der Unterschied zwischen b/n und b_1/n_1 ausreicht, um auf eine Abhängigkeit zu schließen. Doch wird jeder folgendes zugeben müssen: Wäre n unendlich — was damit gemeint ist, ist allerdings vorläufig noch unklar —, so müßte auch ein noch so kleiner Unterschied zwischen den beiden Endrelativhäufigkeiten b/n und b_1/n_1 ausreichen, um auf Abhängigkeit zu schließen. Wir werden nun ungefähr so vorgehen, daß wir für unendlich große n an Stelle von b/n den Grenzwert, die Wahrscheinlichkeit für Blauäugigkeit, für b_1/n_1 die Wahrscheinlichkeit dafür, daß die geborenen Knaben blauäugig sind, einsetzen. Wir formulieren das genau.

7, 2. Wir betrachten die Folge der Geburtseintragungen eines Bevölkerungsbereiches und denken uns diese Folge unbegrenzt fortgesetzt. So erhalten wir die Ereignisfolge F:

$$F\colon\ E_1,\ E_2,\ E_3,\ E_4,\ \ldots$$

Wir achten zunächst nur auf die beiden Merkmale Blauäugigkeit, Nichtblauäugigkeit, die wir wieder mit B und nB bezeichnen. Wir nehmen an, daß die Wahrscheinlichkeit für das Merkmal B, also $w(B)$ vorhanden ist. Dann betrachten wir die Folge F mit Rücksicht auf die Merkmale K und M und greifen aus der ganzen Folge F nur die Geburten heraus, wo ein Knabe geboren wird. Diese Folge der Knabengeburten denken wir uns in ihrer Reihenfolge aus der ursprünglichen Folge F herausgehoben. Die so gewonnene Teilfolge von F ist allein bestimmt durch die Folge F und das Merkmal K; wir bezeichnen sie deshalb mit F_K^*:

$$F_K^*\colon\ E_{a_1},\ E_{a_2},\ E_{a_3},\ E_{a_4},\ \ldots$$

Es wäre nun möglich, daß diese Folge F_K^* nicht unendlich ist, sondern abbricht. Damit dies nicht eintritt, genügt sicher nach Satz 4, 2, daß die Wahrscheinlichkeit $w(K)$ vorhanden und von Null verschieden ist.

Wir setzen nun voraus, daß auch in der aus F herausgehobenen Folge F_K^* der Knabengeburten das Merkmal Blauäugigkeit eine Wahrscheinlichkeit hat. Wir bezeichnen diese Wahrscheinlichkeit dann mit $w_K^*(B)$ und sagen später auch, daß $w_K^*(B)$ die nachträgliche Wahrscheinlichkeit für Blauäugigkeit ist, wenn man schon weiß, daß das geborene Kind ein Knabe ist. Im Gegensatz zu w^* nennen wir w auch eine ursprüngliche Wahrscheinlichkeit in F.

Ist nun $w^* > w$, $w^* < w$, $w^* = w$, so sagen wir, daß zwischen dem männlichen Geschlecht und der blauen Augenfarbe eine Anziehung, Abstoßung besteht bzw. daß diese Merkmale voneinander unabhängig sind. Wir wollen nach diesem einleitenden Beispiel den Sachverhalt allgemein formulieren.

7, 3. Neben einer Ereignisfolge $F: E_1, E_2, E_3, \ldots$ sind zwei Merkmalsysteme $X_1, \ldots, X_r$ und $Y_1, \ldots, Y_s$ gegeben. Wir fassen in dem ersten dieser beiden Merkmalsysteme, also in $X_1, \ldots, X_r$ eines der Merkmale, etwa X_i, ins Auge und wählen aus der gegebenen Ereignisfolge F gerade alle die Ereignisse aus, die dieses Merkmal X_i tragen. So erhalten wir aus der Ereignisfolge F eine Teilfolge von Ereignissen $E_{\alpha_1}, E_{\alpha_2}, E_{\alpha_3}, \ldots$, die wir mit $F^*_{X_i}$ bezeichnen und von der wir voraussetzen, daß sie nicht abbrechen soll; wir sind sicher, daß dies der Fall ist, wenn die Wahrscheinlichkeit für X_i in F vorhanden und von Null verschieden ist. In Anlehnung an das in der Wahrscheinlichkeitsrechnung häufig als Beispiel betrachtete Würfelspiel treffen wir über die Bezeichnung die folgende Festsetzung:

Festsetzung 7, 1. Falls die Teilfolge $F^*_{X_i}$ der Ereignisse von F, die das Merkmal X_i tragen, nicht abbricht, sagen wir, sie entstehe aus F durch **Auswürfelung auf das Merkmal** X_i.

Das Verfahren der Auswürfelung liefert unter der Voraussetzung, daß die Folgen nicht abbrechen, zu jedem der Merkmale $X_1, \ldots, X_r$ eine unendliche Teilfolge, also insgesamt r Teilfolgen $F^*_{X_1}, \ldots, F^*_{X_r}$. Die Voraussetzung ist sicher erfüllt, wenn alle $w(X_i)$ vorhanden und von Null verschieden sind.

Aus diesen Teilfolgen greifen wir uns eine beliebige, etwa wieder die durch das Merkmal X_i bestimmte heraus und achten darauf, ob die Ereignisse dieser Folge $F^*_{X_i}$ ein bestimmtes Merkmal, etwa Y_j des zweiten Merkmalsystems zeigen. Da die $Y_1, \ldots, Y_s$ als Merkmale von F erst recht Merkmale der Teilfolge $F^*_{X_i}$ sind, ist das eine sinnvolle Fragestellung. Es kann nun sein, daß dieses Merkmal Y_j in der Teilfolge $F^*_{X_i}$ eine Wahrscheinlichkeit hat. Ist das der Fall, so setzen wir folgendes fest:

Festsetzung 7, 2. Hat das Merkmal Y_j in der nicht abbrechenden Folge $F^*_{X_i}$, die aus F durch Auswürfelung auf das Merkmal X_i entsteht, eine Wahrscheinlichkeit, so bezeichnen wir sie mit $w^*_{X_i}(Y_j)$. Wir nennen diese Wahrscheinlichkeit in $F^*_{X_i}$ in bezug auf F die **nachträgliche Wahrscheinlichkeit** für Y_j, nachdem wir schon wissen, daß sich aus dem Merkmalsystem der X das Merkmal X_i ergeben hat.

Im ganzen erhalten wir unter der Voraussetzung, daß die betrachteten Wahrscheinlichkeiten alle vorhanden sind, auf diese Weise $r \cdot s$ nachträgliche Wahrscheinlichkeiten $w^*_{X_i}(Y_j)$; nämlich zu jedem der r Merkmale des ersten Systems eine Gruppe von s nachträglichen Wahrscheinlichkeiten zu den s Merkmalen des zweiten Systems.

7, **4.** Aus Gründen der mathematischen Korrektheit müssen wir hier dauernd diese Voraussetzung über die Existenz der Wahrscheinlichkeiten machen. Es kann z. B., wie im Anhang Teil 4 gezeigt wird, aus der Existenz der r Wahrscheinlichkeiten $w(X_1), \ldots, w(X_r)$ und der s Wahrscheinlichkeiten $w(Y_1), \ldots, w(Y_s)$ keineswegs die Existenz der nachträglichen Wahrscheinlichkeiten gefolgert werden. In den Anwendungen allerdings kümmert man sich, wie wir sehen und formulieren werden, um diese Skrupel des Mathematikers wenig. Nichtsdestoweniger sehen wir uns an dieser Stelle noch außerstande, mathematisch nicht ganz Richtiges zu formulieren, da es sich doch hier vorläufig noch um rein mathematische Fragen handelt.

7, 5. Wie schon in dem Beispiel zu Beginn dieses Paragraphen gestattet uns der Begriff der nachträglichen Wahrscheinlichkeit auch hier den Begriff der Unabhängigkeit in einfacher Weise festzulegen. Entsprechend dem dort Gesagten treffen wir die

Festsetzung 7, 3. Zwei Merkmalsysteme $X_1, \ldots, X_r$ und $Y_1, \ldots, Y_s$ der Ereignisfolge F heißen voneinander **unabhängige Merkmalsysteme,** wenn die ursprünglichen Wahrscheinlichkeiten $w(Y_j)$ und die nachträglichen Wahrscheinlichkeiten $w^*_{X_i}(Y_j)$ vorhanden sind und zudem für alle i und alle j

$$w^*_{X_i}(Y_j) = w(Y_j) \tag{7, 1}$$

ist.

Das heißt: Alle nachträglichen Wahrscheinlichkeiten der Merkmale Y sind gleich den ursprünglichen; an den Symbolen für die nachträglichen Wahrscheinlichkeiten kann der Stern und der Index gelöscht werden, ohne daß sich ein anderer Wert ergibt.

7, 6. Wir können diese Betrachtungen auch auf den Fall von mehr als zwei Merkmalsystemen ausdehnen. Dazu haben wir im Prinzip nichts anderes zu tun, als unsere bisherigen Überlegungen mehrfach hintereinander anzuwenden.

Wir betrachten z. B. zu unserem Geburtenregister drei Merkmalsysteme: Geschlecht K, M, Augenfarbe B, nB, und die Größe G, nG, indem wir festlegen, welche Größen als groß, welche als klein zu gelten haben. Wie entscheiden wir nun, ob das gleichzeitige Auftreten der beiden Merkmale K und B auf die Größe eine Anziehung oder Abstoßung ausübt?

Um eine kurze und übersichtliche Bezeichnung zu haben, treffen wir die

Festsetzung 7, 4. Wir bezeichnen das **gleichzeitige Auftreten** der beiden Merkmale X_i und Y_j durch das Symbol $X_i \,\&\, Y_j$ und entsprechend auch das gleichzeitige Auftreten von mehr als zwei Merkmalen.

Zuerst bestimmen wir dazu die Wahrscheinlichkeit $w(G)$ für große Kinder in der Gesamtfolge F. Dann aber stellen wir uns die folgende Teilfolge her: Wir betrachten nicht mehr alle Geburten des Registers, sondern nur die, bei denen die Merkmale K und B gleichzeitig auftreten, d. h. also die Geburten, in denen ein blauäugiger Knabe geboren wird. Diese Teilfolge nennen wir entsprechend den früher eingeführten Bezeichnungen $F^*_{K\&B}$. Wir nehmen von dieser Folge an, daß sie nicht abbricht. Da für diese Folge die Eigenschaften G und nG sicher Merkmale sind, hat es einen Sinn zu fragen, ob das Merkmal G in ihr eine Wahrscheinlichkeit besitzt. Ist das der Fall, so bezeichnen wir diese Wahrscheinlichkeit mit $w^*_{K\&B}(G)$. Es ist dies die Wahrscheinlichkeit für G in $F^*_{K\&B}$. Mit Rücksicht auf F ist es die nachträgliche Wahrscheinlichkeit für G, nachdem wir schon wissen, daß sich die Merkmale K und B ergeben haben.

Die Frage, ob das gleichzeitige Auftreten von K und B auf G einen Einfluß ausübt, beantwortet sich nun durch den Vergleich von $w(G)$ und $w^*_{K\&B}(G)$. Ist $w^* > w$, so übt das gleichzeitige Auftreten der Merkmale K und B auf G eine Anziehung aus, ist $w^* < w$, so liegt eine Abstoßung vor. Ist schließlich $w = w^*$, so heißt das Merkmal G von dem Paar K und B unabhängig[1]).

Im allgemeinen Fall haben wir drei Merkmalsysteme

$$X_1, \ldots, X_r;\ Y_1, \ldots, Y_s;\ Z_1, \ldots, Z_t.$$

Wir betrachten nun die Teilfolge aus F, die entsteht, wenn wir nur auf solche Ereignisse von F achten, die gleichzeitig die beiden Merkmale des vorgegebenen Merkmalpaares X_i, Y_j tragen. So entsteht aus F die Teilfolge $F^*_{X_i\&Y_j}$. Wir nehmen an, daß sie nicht abbricht. Das ist sicher der Fall, wenn die Wahrscheinlichkeit $w(X_i \& Y_j)$ für das gleichzeitige Auftreten von X_i und Y_j in F vorhanden und von Null verschieden ist. Die Merkmale Z_k sind auch für die Folge F* Merkmale. Wir entscheiden uns für eines dieser Merkmale $Z_1, \ldots, Z_t$ also etwa für Z_k. Hat dann Z_k in $F^*_{X_i\&Y_j}$ eine Wahrscheinlichkeit, so bezeichnen wir sie mit $w^*_{X_i\&Y_j}(Z_k)$. Diese Wahrscheinlichkeit ist mit Rücksicht auf F die nachträgliche Wahrscheinlichkeit für Z_k, nachdem wir schon wissen, daß sich X_i und Y_j ergeben haben. Das gleichzeitige Auftreten von X_i und Y_j übt dann auf Z_k eine Anziehung bzw. Abstoßung aus, je nachdem $w^* > w$ oder $w^* < w$. Ist aber $w^* = w$, so sagen wir, daß Z_k von dem gleichzeitigen Auftreten der beiden Merkmale unabhängig ist.

7, 7. Ist neben der Ereignisfolge F schließlich eine ganze Reihe von Merkmalsystemen gegeben,

$$\begin{array}{l} X_1, \ldots, X_r \\ Y_1, \ldots, Y_s \\ Z_1, \ldots, Z_t \\ \vdots \\ U_1, \ldots, U_p \\ V_1, \ldots, V_q \end{array}$$

so schlagen wir zur Bestimmung der Abhängigkeit bzw. Unabhängigkeit folgendes Verfahren ein.

Aus jedem der Merkmalsysteme greifen wir ein bestimmtes Merkmal heraus und erhalten so eine Reihe ausgezeichneter Merkmale:

$$X_i, Y_j, Z_k, \ldots, U_g, V_h.$$

Auf diese Merkmale wenden wir nun das Verfahren der Auswürfelung an, wobei wir voraussetzen, daß die durch Auswürfelung entstehenden Folgen nicht abbrechen und daß die betrachteten Wahrscheinlichkeiten vorhanden sind. So erhalten wir der Reihe nach

---

1) Wir dürfen die Aussage: G ist unabhängig von dem Merkmalpaar K, B nicht verwechseln mit der Aussage G ist unabhängig 1. von K und 2. von B! S. Anhang Teil 5.

1) durch Auswürfelung von F auf das Merkmal X_i die Folge $F^*_{X_i}$ und darin als nachträgliche Wahrscheinlichkeit für Y_j die Wahrscheinlichkeit $w^*_{X_i}(Y_j)$,

2) durch Auswürfelung von F auf das Merkmal X_i & Y_j, also auf das gleichzeitige Auftreten von X_i und Y_j die Folge $F^*_{X_i \& Y_j}$ und darin für das Merkmal Z_k als nachträgliche Wahrscheinlichkeit $w^*_{X_i \& Y_j}(Z_k)$

⋮

n) durch Auswürfelung von F auf das Merkmal X_i & Y_j & Z_k & .. U_g, also auf das gleichzeitige Auftreten aller dieser Merkmale, die Folge $F^*_{X_i \& Y_j \& Z_k \& \ldots \& U_g}$ und darin als nachträgliche Wahrscheinlichkeit für das Merkmal V_h die Größe $w^*_{X_i \& Y_j \& Z_k \& \ldots \& U_g}(V_h)$.

7, 8. Sind alle bei diesem Verfahren auftretenden nachträglichen Wahrscheinlichkeiten gleich den entsprechenden ursprünglichen, so werden wir sagen, daß die betrachteten Merkmale voneinander unabhängig sind. In eine solche Festsetzung des Begriffs der Unabhängigkeit geht aber die Reihenfolge, in der die Merkmale genommen werden, ein. Es könnte sein, daß in der einen Reihenfolge die Merkmale unabhängig sind, in der andern aber schon die nachträglichen Wahrscheinlichkeiten nicht vorhanden sind. Aus diesem Grunde könnten wir an den Begriff der Unabhängigkeit mehrerer Merkmalsysteme eine weitgehendere Forderung stellen, indem wir verlangten, daß die in dem obigen Verfahren sich ergebenden nachträglichen Wahrscheinlichkeiten bei jeder Reihenfolge beliebig herausgegriffener Merkmale vorhanden und gleich den ursprünglichen sind. Wir begnügen uns mit

Festsetzung 7, 5. Haben alle Merkmale der Merkmalsysteme $X_1, \ldots, Y_1, \ldots, Z_1, \ldots, U_1, \ldots, V_1, \ldots$ in F ursprüngliche Wahrscheinlichkeiten und sind die in dem vorhin beschriebenen Auswürfelungsverfahren auftretenden nachträglichen Wahrscheinlichkeiten alle vorhanden und gleich den ursprünglichen, so heißen die betrachteten Merkmalsysteme in der aufgeschriebenen Reihenfolge der Merkmale **voneinander unabhängige Merkmalsysteme.**

§ 8. Das Multiplikationstheorem.

8, 1. Der Begriff der nachträglichen Wahrscheinlichkeit erlaubte uns, die Unabhängigkeit zweier Merkmalsysteme in einfacher Weise festzulegen. Er gestattet uns auch die Beantwortung einer weiteren, wichtigen Frage. Wir betrachten in der, von uns schon so oft als Beispiel herangezogenen Geburtenfolge wieder die beiden Merkmalsysteme K, M und B, nB, von denen das erste das Geschlecht, das zweite die Augenfarbe charakterisiert. Wir fragen nun, ob das geborene Kind sowohl ein Knabe wie blauäugig ist. Damit fragen wir also danach, ob ein Ereignis der betrachteten Folge, eine Geburt unseres Geburtenregisters gleichzeitig die beiden Merkmale K und B trägt. Diese Eigenschaft ist sicherlich ein Merkmal der Folge F und wir sind daher berechtigt, zu fragen, ob dieses Merkmal eine Wahrscheinlichkeit besitzt und wie groß diese Wahrscheinlichkeit ist.

8, 2. Wenn wir einmal annehmen, es sei $w(K) = 1/2$ und $w_K^*(B) = 1/3$, so wäre doch für große n die Zahl der bis dahin geborenen Knaben ungefähr $1/2 \cdot n$ und, wegen $w_K^*(B) = 1/3$, ungefähr ein Drittel dieser Knaben blauäugig. Das würde heißen, daß von den n ersten Geborenen ungefähr $1/6\, n$ — bis auf einen Fehler, der für alle n von einer Stelle ab zwischen $-1/10\, n$ und $+1/10\, n$, von einer weiteren Stelle ab zwischen $-1/100\, n$ und $+1/100\, n$ usw. liegt — gleichzeitig männlich und blauäugig sind. Das aber bedeutet: Die Wahrscheinlichkeit für das gleichzeitige Auftreten der beiden Merkmale ist vorhanden und gleich $\frac{1}{6} = \frac{1}{2} \cdot \frac{1}{3}$, also das Produkt von $w(K)$ und $w_K^*(B)$. Offenbar hätte sich auch bei anderen als den angegebenen Werten für die Wahrscheinlichkeit des gleichzeitigen Auftretens von K und B, die wir mit $w(K \,\&\, B)$ bezeichnen, die Beziehung $w(K \,\&\, B) = w(K) \cdot w_K^*(B)$ ergeben.

Wir können diese Angaben aber noch nicht als vollgültigen Beweis der ausgesprochenen Behauptung ansehen, da der genaue Nachweis für die Gültigkeit der erforderlichen Grenzwertbedingungen noch fehlt.

Das gewünschte Ergebnis können wir statt direkt über die absoluten Häufigkeiten auch auf dem Wege über die relativen Häufigkeiten erhalten.

8, 3. Wir bezeichnen die Gesamtzahl der bis zur Nummer n unseres Geburtenregisters geborenen Knaben wie immer mit $a_n(K)$, die Anzahl der blauäugigen Knaben, ebenfalls bis zur Nummer n in der Reihe aller Geburten, mit $a_n(B \,\&\, K)$.

Dann ist die n-te relative Häufigkeit der Ereignisse, die die beiden Merkmale B und K gleichzeitig tragen,

$$\varrho_n(B \,\&\, K) = \frac{a_n(B \,\&\, K)}{n}.$$

Das ist aber dasselbe wie

$$\varrho_n(B \,\&\, K) = \frac{a_n(B \,\&\, K)}{a_n(K)} \cdot \frac{a_n(K)}{n}\ ^{1)}.$$

Die n-te relative Häufigkeit $\varrho_n(B \,\&\, K)$ erscheint also hier als Produkt der beiden Größen $u_n = a_n(B \& K)/a_n(K)$ und $v_n = a_n(K)/n$. Sind nun die Grenzwerte der beiden Folgen u_n und v_n vorhanden, so ist nach einem Satz des § 3 auch der Grenzwert ihres Produktes vorhanden und gleich dem Produkt der beiden Grenzwerte $\lim u_n$ und $\lim v_n$. Es ist also in diesem Falle $w(B \,\&\, K)$ vorhanden und gleich dem Produkt der beiden genannten Grenzwerte. Es ist daher unsere nächste Aufgabe, diese beiden Grenzwerte zu bestimmen. Die Bedeutung des Grenzwertes $\lim v_n$ ist dabei sofort klar, denn v_n ist doch nichts anderes als die n-te relative Häufigkeit für K in der Folge der Geburten. Der Grenzwert dieser Größe ist somit die Wahrscheinlichkeit für K in der Folge F.

Es bleibt also nur noch die Folge der $a_n(B \,\&\, K)/a_n(K)$ zu untersuchen. Diese Folge zeigt einen sehr eigentümlichen Charakter.

---

1) Diese Gleichung gilt, weil wir durch Null nicht dividieren können, vielleicht nicht für die ersten n, sondern erst von dem n ab, wo die erste Knabengeburt eintritt.

Sind nämlich $n_1, n_2, \ldots$ der Reihe nach die Stellen der Knabengeburten in unserem Register, so ändert sich doch zwischen diesen Stellen, also von $n_1 + 1$ bis $n_2 - 1$, von $n_2 + 1$ bis $n_3 - 1$ usw., an der Zahl der Knabengeburten überhaupt und damit auch an der Zahl der blauäugigen Knaben nichts.

Wir setzen voraus, daß die Folge $n_1, n_2, \ldots$ der Nummern der Knabengeburten nicht abbricht; denn wir wollen doch die Formel $w(K \& B) = w(K) \cdot w_K^*(B)$ beweisen unter der Voraussetzung, daß $w(K)$ und $w_K^*(B)$ vorhanden sind. $w_K^*(B)$ ist aber nur dann vorhanden, wenn die Folge F_K^* nicht abbricht. Das aber bedeutet, daß die Folge $n_1, n_2, \ldots$ nicht abbricht[1]).

Es ist daher

$$\text{von } n_1 \text{ bis } n_2 - 1: a_n(B \& K)/a_n(K) = a_{n_1}(B \& K)/a_{n_1}(K),$$
$$\text{von } n_2 \text{ bis } n_3 - 1: a_n(B \& K)/a_n(K) = a_{n_2}(B \& K)/a_{n_2}(K),$$

usw.

Nun war aber n_1 die Stelle der ersten Knabengeburt in unserem Register; es ist also $a_{n_1}(K) = 1$. Ebenso ergibt sich $a_{n_2}(K) = 2$ usw.

Die Folge der $a_n(B \& K)/a_n(K)$ sieht daher so aus:

$$\begin{array}{ccccccccc} & n_1 & \ldots & n_2 - 1 & n_2 & n_2 + 1 & \ldots & n_3 & n_3 + 1 \\ \ldots & \frac{a_{n_1}(B\&K)}{1} & \ldots & \frac{a_{n_1}(B\&K)}{1} & \frac{a_{n_2}(B\&K)}{2} & \frac{a_{n_2}(B\&K)}{2} & \ldots \frac{a_{n_2}(B\&K)}{2} & \frac{a_{n_3}(B\&K)}{3} & \frac{a_{n_3}(B\&K)}{3} \ldots \end{array}$$

Vergleichen wir diese Folge mit der, die aus ihr durch Weglassen der mehrfach auftretenden Glieder entsteht, also mit

$$\frac{a_{n_1}(B \& K)}{1}, \quad \frac{a_{n_2}(B \& K)}{2}, \quad \frac{a_{n_3}(B \& K)}{3}, \ldots$$

so ist leicht zu sehen, daß von diesen beiden Folgen die eine mit der anderen einen Grenzwert besitzt und außerdem, daß diese beiden Grenzwerte einander gleich sein müssen. Die Bedingungen, die in der zweiten Folge von der Stelle k an erfüllt sind, müssen in der ersten von der, allerdings unter Umständen viel größeren Nummer n_k erfüllt sein, und ebenso ist es umgekehrt, weil doch von diesen einander entsprechenden Stellen der Vorrat an Gliedern in beiden Folgen der gleiche ist.

Was bedeutet aber die zweite Folge? Sie ist offenbar nichts anderes als die Folge der relativen Häufigkeiten der Blauäugigkeit in der Folge der Knabengeburten aus F, also in F_K^*. Der Grenzwert dieser relativen Häufigkeiten ist aber die mit $w_K(B)$ bezeichnete nachträgliche Wahrscheinlichkeit für B, nachdem schon K gefallen ist.

Damit ist also

$$\lim_{n \to \infty} \varrho_n(B \& K) = w(B \& K) = w(K) \cdot w_K^*(B)$$

gleich dem Produkt der beiden Wahrscheinlichkeiten $w(K)$ und $w_K^*(B)$, falls diese beiden Wahrscheinlichkeiten vorhanden sind. Unter dieser

[1]) Das Nicht-Abbrechen aller von uns betrachteten, durch Auswürfelung entstandenen Folgen haben wir jedesmal ausdrücklich gefordert. Wir bitten den Leser, sich immer daran zu erinnern. In § 9 werden wir an den entsprechenden Stellen ebenso verfahren.

Voraussetzung haben wir also das von vornherein leicht plausibel gemachte Ergebnis:

$$w(K \& B) = w(K) \cdot w_K^*(B)$$

nunmehr exakt bewiesen.

Es ist klar, daß dieses Ergebnis nicht auf das spezielle Beispiel beschränkt ist, an dem wir es bis jetzt abgeleitet haben, sondern daß sich unsere Betrachtungen sofort auf andere Merkmalsysteme, also etwa $X_1, \ldots, X_r$ und $Y_1, \ldots, Y_s$, und daraus herausgegriffene Merkmale X_i, Y_j übertragen lassen. Wir werden dies aber anschließend an die Formulierung des allgemeinen Satzes noch einmal kurz beweisen.

8, 4. Satz 8, 1. Das allgemeine Multiplikationstheorem. Sind zu einer Ereignisfolge zwei Merkmalsysteme $X_1, \ldots, X_r$ und $Y_1, \ldots, Y_s$ gegeben und existieren die ursprünglichen Wahrscheinlichkeiten $w(X_i)$ sowie die $r \cdot s$ nachträglichen Wahrscheinlichkeiten $w_{X_i}^*(Y_j)$, so ist für jedes Merkmalpaar X_i, Y_j die Wahrscheinlichkeit $w(X_i \& Y_j)$ für das gleichzeitige Auftreten der beiden Merkmale vorhanden, und es ist:

$$(8,\ 1) \qquad w(X_i \& Y_j) = w(X_i) \cdot w_{X_i}^*(Y_j).$$

In dem besonderen Fall, daß die beiden betrachteten Systeme voneinander unabhängig sind, sind die nachträglichen Wahrscheinlichkeiten der Y_j gleich den ursprünglichen in F. Das allgemeine Multiplikationstheorem geht dann über in den

Satz 8, 2. Spezielles Multiplikationstheorem. Sind zu einer Ereignisfolge zwei voneinander **unabhängige** Merkmalsysteme gegeben, so ist die Wahrscheinlichkeit für das gleichzeitige Auftreten zweier Merkmale X_i und Y_j:

$$(8,\ 2) \qquad w(X_i \& Y_j) = w(X_i) \cdot w(Y_j).$$

Den Beweis des allgemeinen Multiplikationstheorems führen wir genau wie vorhin. Sind $a_n(X_i)$, $a_n(X_i \& Y_j)$ die n-ten absoluten Häufigkeiten für X_i bzw. für das gleichzeitige Auftreten von X_i und Y_j, so ist doch entsprechend der zweiten Gleichung von Absatz 3 dieses Paragraphen

$$\frac{a_n(X_i \& Y_j)}{n} = \frac{a_n(X_i \& Y_j)}{a_n(X_i)} \frac{a_n(X_i)}{n}.$$

Falls die beiden Grenzwerte auf der rechten Seite vorhanden sind, ist dann wieder der Grenzwert auf der linken Seite vorhanden und gleich dem Produkt der beiden Grenzwerte auf der rechten Seite. Wie vorhin ergibt sich daraus die gesuchte Beziehung (8, 1); denn die Folge der $a_n(X_i \& Y_j) / a_n(X_i)$ hat wieder den gleichen Charakter wie in dem vorhin betrachteten Beispiel.

8, 5. Sind neben der Ereignisfolge F drei Merkmalsysteme $X_1, \ldots, X_r$; $Y_1, \ldots, Y_s$; $Z_1, \ldots, Z_t$ gegeben und sind die Wahrscheinlichkeiten $w(X_i)$, $w_{X_i}^*(Y_j)$ und $w_{X_i \& Y_j}^*(Z_k)$ vorhanden, so ergibt sich entsprechend, daß die Wahrscheinlichkeit für das gleichzeitige Auftreten aller drei Merkmale vorhanden ist und daß gilt

$$(8,\ 3)\qquad w(X_i \,\&\, Y_j \,\&\, Z_k) = w(X_i)\cdot w^*_{X_i}(Y_j)\cdot w^*_{X_i \& Y_j}(Z_k).$$

Diese Formel stellt das allgemeine Multiplikationstheorem für drei Merkmale dar. Sind nun die drei Merkmalsysteme voneinander unabhängig, so sind alle auftretenden nachträglichen Wahrscheinlichkeiten vorhanden und gleich den ursprünglichen Wahrscheinlichkeiten in F. Das allgemeine Multiplikationstheorem geht dann wieder über in das spezielle:

$$(8,\ 4)\qquad w(X_i \,\&\, Y_j \,\&\, Z_k) = w(X_i)\cdot w(Y_j)\cdot w(Z_k).$$

Entsprechend können wir das Multiplikationstheorem auch auf mehr als drei Merkmale ausdehnen. Dann erhalten wir die folgende Formulierung:

8, 6. Satz 8, 3. Allgemeines Multiplikationstheorem. Ist neben einer Ereignisfolge F eine Reihe von Merkmalsystemen gegeben und sind die in dem Auswürfelungsverfahren des Absatzes 7 des vorigen Paragraphen auftretenden nachträglichen Wahrscheinlichkeiten alle vorhanden, so ist auch die Wahrscheinlichkeit für das gleichzeitige Auftreten der Merkmale $X_i \,\&\, Y_j \,\&\, Z_k \,\&\, \ldots \,\&\, U_g \,\&\, V_h$ vorhanden, und es ist

$$(8,\ 5)\qquad w(X_i \,\&\, Y_j \,\&\, Z_k \,\&\, \ldots \,\&\, U_g \,\&\, V_h)$$
$$= w(X_i)\, w^*_{X_i}(Y_j)\, w^*_{X_i \& Y_j}(Z_k) \ldots w^*_{X_i \& Y_j \& Z_k \& \ldots \& U_g}(V_h).$$

Satz 8, 4. Spezielles Multiplikationstheorem. Sind insbesondere die betrachteten Merkmalsysteme voneinander **unabhängig,** so ist die Wahrscheinlichkeit für das gleichzeitige Auftreten beliebig herausgegriffener Merkmale $X_i \,\&\, Y_j \,\&\, Z_k \,\&\, \ldots \,\&\, U_g \,\&\, V_h$ vorhanden, und zwar ist diese Wahrscheinlichkeit gleich dem Produkt der Wahrscheinlichkeiten der einzelnen Merkmale:

$$(8,\ 6)\qquad w(X_i \,\&\, Y_j \,\&\, Z_k \,\&\, \ldots \,\&\, U_g \,\&\, V_h)$$
$$= w(X_i)\cdot w(Y_j)\cdot w(Z_k) \ldots w(U_g)\, w(V_h).$$

Den Beweis für das allgemeine Multiplikationstheorem führen wir am einfachsten durch mehrfache Anwendung des schon bewiesenen Multiplikationstheorems für zwei Merkmalsysteme. Es ergibt sich dann unter der Voraussetzung der Existenz der betrachteten nachträglichen Wahrscheinlichkeiten der Reihe nach:

$$1.\qquad w(X_i \,\&\, Y_j) = w(X_i)\, w^*_{X_i}(Y_j)$$

$$2.\qquad w(X_i \,\&\, Y_j \,\&\, Z_k) = w(X_i \,\&\, Y_j)\, w^*_{X_i \& Y_j}(Z_k)$$
$$= w(X_i)\, w^*_{X_i}(Y_j)\, w_{X_i \& Y_j}(Z_k)$$

⋮

und schließlich

$$n)\qquad w(X_i \,\&\, Y_j \,\&\, Z_k \,\&\, \ldots \,\&\, U_g \,\&\, V_h)$$
$$= w(X_i \,\&\, Y_j \,\&\, Z_k \,\&\, \ldots\, U_g)\, w^*_{X_i \& \ldots \& U}(V_h)$$
$$= w(X_i)\, w^*_{X_i}(Y_j)\, w^*_{X_i \& Y}(Z_k) \ldots w^*_{X_i \& Y_j \& Z_k \& \ldots \& U_g}(V_h).$$

§ 9. Verbindung von Folgen.

9, 1. Wir beginnen mit einem Beispiel, einem Glücksspiel, in dem die folgende Verabredung getroffen worden ist. Es wird erst mit einem Würfel und dann mit einer Münze geworfen, und zwar wird die Münze, falls der Würfel eine der Augenzahlen 1, ..., 6 zeigt, aus der Höhe 10, ..., 60 cm auf den Tisch geworfen. Wir achten bei der Münze auf die Merkmale Bild oder Schrift, B oder S. Es besteht nun, da die beiden Merkmale B und S ja nicht symmetrisch zu sein brauchen, die Möglichkeit, daß zwischen der Folge der Würfe mit dem Würfel und der Folge der Würfe mit der Münze insofern ein Zusammenhang besteht, als einzelne Augenzahlen auf Bild oder Schrift vor den anderen eine besondere Anziehung oder Abstoßung ausüben. Was soll das nun präzise heißen und wie entscheiden wir, ob zwischen diesen beiden Folgen eine Abhängigkeit besteht oder nicht[1])?

9, 2. Wir haben jetzt nicht mehr wie in den beiden vorigen Paragraphen nur eine, sondern zwei Ereignisfolgen. Einmal die Folge F' der Würfe mit dem Würfel und den Ereignissen E_1', E_2', E_3', ... usw., dann die Folge F'' der Würfe mit der Münze und den Ereignissen E_1'', E_2'', E_3'', ... Zunächst möge nun die Wahrscheinlichkeit für B in der Folge F'', also $w''(B)$, vorhanden sein. Wenn wir nun untersuchen wollen, ob zwischen dem Merkmal 5 des Würfels und dem Merkmal B der Münze eine Abhängigkeit besteht, gehen wir entsprechend unseren früheren Überlegungen so vor: Aus der Folge F'' greifen wir alle die Münzwürfe heraus, die zu solchen Würfen mit dem Würfel gehören, die das Merkmal 5 tragen. Wir achten also auf die Münzwürfe, die gemacht werden, nachdem beim Würfeln die Augenzahl 5 gefallen ist. Diese Teilfolge von F'' bezeichnen wir mit $F_5''^*$ und sagen, sie sei durch Auswürfelung der Folge F'' an der Folge F' auf das Merkmal 5 entstanden. Von dieser Teilfolge setzen wir voraus, daß sie nicht abbrechen soll; z. B. ist das sicher der Fall, wenn die Wahrscheinlichkeit $w'(5)$ in F' vorhanden und von Null verschieden ist. Gibt es in dieser Teilfolge $F_5''^*$ eine Wahrscheinlichkeit für das Merkmal B, so ist das bezüglich F'' die nachträgliche Wahrscheinlichkeit für B, nachdem wir schon wissen, daß in der Folge F' das zugehörige Ereignis das Merkmal 5 zeigt. Wie früher, so vergleichen wir auch jetzt wieder diese nachträgliche Wahrscheinlichkeit mit der ursprünglichen. Ist $w_5''^*(B) > w''(B)$, so stellen wir eine Anziehung des Merkmals 5 auf B fest, ist aber $w_5''^*(B) < w''(B)$, so übt 5 auf B eine Abstoßung aus. Sind die beiden Wahrscheinlichkeiten, die ursprüngliche $w''(B)$ und die nachträgliche $w_5''^*(B)$ einander gleich, so werden wir sagen, daß die beiden Merkmale voneinander unabhängig sind.

---

[1]) Vielleicht erscheinen die Formulierungen der folgenden Festsetzungen und Sätze einigen Lesern als etwas langatmig. Diese versuchen wir zu trösten durch die Mitteilung, daß der § 9 der letzte rein mathematischen Inhalts ist vor den nächsten, den Anwendungen gewidmeten Kapiteln.

Fragen wir uns nun nach der Wahrscheinlichkeit dafür, daß zwei einander zugeordnete Würfe mit Würfel und Münze gleichzeitig die beiden Merkmale 5 und B tragen, so ergeben die gleichen Überlegungen, wie wir sie im vorigen Paragraphen angestellt haben, das Ergebnis: Sind w' (5) und $w_{5}''^{*}$ (B) vorhanden, so ist auch die Wahrscheinlichkeit $w(5 \,\&\, B)$ für das gleichzeitige Auftreten von 5 und B vorhanden, und es ist $w(5 \,\&\, B) = w'(5)\, w_{5}''^{*}(B)$.

9, 3. Wie wir schon an diesem Beispiel sehen, ist unsere augenblickliche Fragestellung nicht wesentlich verschieden von der in den beiden vorigen Paragraphen. Wir werden uns daher bei der Behandlung des allgemeinen Sachverhalts kurz fassen können.

Gegeben sind zwei Folgen F' und F''; F' mit dem Merkmalsystem $X_1, \ldots, X_r$, F'' mit dem Merkmalsystem $Y_1, \ldots, Y_s$. Die Ereignisse gleicher Nummer in den beiden Folgen, also E_1' und E_1'', E_2' und E_2'' ... usw., nennen wir auch zusammengehörige Ereignisse, weil wir uns vorstellen, sie seien nebeneinander oder unmittelbar hintereinander geschehen. Auf diese Weise werden in unseren Betrachtungen die beiden Einzelfolgen F' und F'' zu der Doppelfolge gleichnumerierter Ereignisse verbunden. Wir sprechen daher von dieser Doppelfolge auch kurz als von der Verbindung der beiden Folgen F' und F'':

Festsetzung 9, 1. Unter der **Verbindung zweier Einzelfolgen**

$$F' : E_1', E_2', E_3', \ldots$$
$$F'': E_1'', E_2'', E_3'', \ldots$$

verstehen wir die Folge der Doppelereignisse aus den Paaren der Ereignisse gleicher Nummer in F' und F''. Diese Verbindung der beiden Folgen F' und F'' bezeichnen wir mit $[F'; F'']$ und das aus E_ν' und E_ν'' zusammengesetzte Doppelereignis mit $[E_\nu'; E_\nu'']$. Es ist dann $[F'; F'']$ die Folge:

$$(9,\ 1) \qquad [F'; F''] : [E_1'; E_1''],\ E_2'; E_2''], \ldots$$

Entsprechend bezeichnen wir die Verbindung von mehr als zwei Folgen.

Wir fragen nun danach, mit welcher Wahrscheinlichkeit in einem Doppelereignis das erste, darin auftretende Einzelereignis eines der Merkmale $X_1 \ldots, X_r$, und gleichzeitig das zweite eines der $Y_1, \ldots, Y_s$ trägt. Als Merkmale der Verbindung betrachten wir also die $r \cdot s$ Paare $[X_k, Y_j]$ aus den Merkmalen $X_1, \ldots, X_r$ und $Y_1, \ldots Y_s$ der Ausgangsfolgen. Dazu schlagen wir ein Verfahren ein, das dem früher besprochenen Auswürfelungsverfahren völlig entspricht.

Aus dem Merkmalsystem der ersten Folge greifen wir uns etwa X_i heraus und achten nun auf alle die Ereignisse E' von F', die dieses Merkmal X_i tragen. In F'' betrachten wir nun nur noch diejenigen Ereignisse E'', die gerade zu solchen Ereignissen E' von F' gehören, die das Merkmal X_i tragen. Auf diese Weise erhalten wir aus F'' eine Teilfolge $F_{X_i}''^{*}$.

Festsetzung 9, 2. Wenn die Teilfolge $F''^{*}_{X_i}$ der Ereignisse von F'', deren zugehörige Ereignisse in F' das Merkmal X_i tragen, nicht abbricht, so sagen wir, $F''^{*}_{X_i}$ entsteht durch **Auswürfelung der Folge F'' an der Folge F' auf das Merkmal X_i.**

Wir sind sicher, daß $F''^{*}_{X_i}$ nicht abbricht, falls $w'(X_i) \neq 0$ ist.

Unsere frühere Festsetzung 7, 1 ist danach ein Sonderfall der neuen; wir erhalten jene nämlich, wenn wir im Sinne der neuen die Folge F an sich selbst auswürfeln.

In der Folge $F''^{*}_{X_i}$ achten wir nun auf solche Ereignisse E'', die das Merkmal Y_j zeigen. Für den Fall, daß $F''^{*}_{X_i}$ nicht abbricht, setzen wir dann unseren früheren Betrachtungen entsprechend fest:

Festsetzung 9, 3. Hat das Merkmal Y_j in der nicht abbrechenden Folge $F''^{*}_{X_i}$, die aus F'' durch Auswürfelung an F' auf das Merkmal X_i entsteht, eine Wahrscheinlichkeit, so bezeichnen wir sie mit $w''^{*}_{X_i}(Y_j)$. Diese gewöhnliche Wahrscheinlichkeit in $F''^{*}_{X_i}$ nennen wir in bezug auf F'' die **nachträgliche Wahrscheinlichkeit** für Y_j, nachdem sich für das zugehörige Ereignis von F' das Merkmal X_i ergeben hat.

Die Unabhängigkeit läßt sich jetzt ebenso wie früher festlegen:

Festsetzung 9, 4. Die Merkmalsysteme $X_1, \ldots, X_r$ und $Y_1, \ldots, Y_s$ der beiden Folgen F' und F'' heißen **voneinander unabhängige Merkmalsysteme,** wenn die ursprünglichen Wahrscheinlichkeiten $w''(Y_j)$ und die nachträglichen Wahrscheinlichkeiten $w''^{*}_{X_i}(Y_j)$ auch für alle Y vorhanden sind und zudem für alle i und j gilt:

$$w''^{*}_{X_i}(Y_j) = w''(Y_j) \tag{9, 2}$$

9, 4. Und nun führen die Überlegungen des vorigen Paragraphen auch hier zur Beantwortung der Frage nach dem gleichzeitigen Auftreten der beiden Merkmale X_i und Y_j.

Wieder bezeichnen wir das gleichzeitige Auftreten von X_i und Y_j mit $X_i \,\&\, Y_j$. Wir gebrauchen also die schon früher eingeführte Bezeichnungsweise 7, 4. Doch haben wir jetzt darauf zu achten, in welcher Reihenfolge die beiden Merkmale stehen; denn das zuerst stehende Merkmal soll sich immer auf das erste, das an zweiter Stelle stehende auf das zweite Ereignis des Doppelereignisses der Verbindung $[F'; F'']$ von F' und F'' beziehen. Dann ergibt sich zunächst

Satz 9, 1. Allgemeines Multiplikationstheorem. Sind in F' die ursprünglichen Wahrscheinlichkeiten $w'(X_i)$, in F'' die nachträglichen Wahrscheinlichkeiten $w''^{*}_{X_i}(Y_j)$ vorhanden, so ist auch die Wahrscheinlichkeit $w(X_i \,\&\, Y_j)$ für das gleichzeitige Auftreten der Merkmale X_i und Y_j in einem Doppelereignis von $[F'; F'']$ vorhanden und es ist:

$$w(X_i \,\&\, Y_j) = w'(X_i)\, w''^{*}_{X_i}(Y_j) \tag{9, 3}$$

Für den Fall der Unabhängigkeit ergibt sich entsprechend den früheren Überlegungen:

Satz 9, 2. Spezielles Multiplikationstheorem. Sind die Merkmalsysteme $X_1, \ldots, X_r$ und $Y_1, \ldots, Y_s$ der beiden Ereignisfolgen F' und F'' voneinander **unabhängig,** so ist die Wahrscheinlichkeit für das gleichzeitige Auftreten der beiden Merkmale X_i und Y_j in einem Doppelereignis der Verbindung $[F'; F'']$ von F' und F'' vorhanden und es ist:

(9, 4) $$w(X_i \,\&\, Y_j) = w'(X_i)w''(Y_j)$$

9, 5. Es wird dem Leser keine große Schwierigkeit bereiten, diese Betrachtungen auch auf den Fall von mehr als zwei Folgen auszudehnen. Damit wir uns nicht dauernd wiederholen müssen, schreiben wir daher zum Schluß dieses Paragraphen nur noch kurz die Formeln für das allgemeine und spezielle Multiplikationstheorem für den Fall dreier Folgen F', F'', F''' auf. Die Verbindung $[F'; F''; F''']$ besteht dann aus den dreifachen Ereignissen: $[E_1', E_1'', E_1''']$, ... und das Auswürfelungsverfahren liefert uns unter den entsprechenden Voraussetzungen die beiden Folgen $F''^{*}_{X_i}$ und $F'''^{*}_{X_i \& Y_j}$, sowie die nachträglichen Wahrscheinlichkeiten $w''^{*}_{X_i}(Y_j)$ bzw. $w'''^{*}_{X_i \& Y_j}(Z_k)$. Es wird dann im allgemninen Fall:

(9, 5) $$w(X_i \,\&\, Y_j \,\&\, Z_k) = w'(X_i)w''^{*}_{X_i}(Y_j)w'''^{*}_{X_i \& Y_j}(Z_k)$$

und für den besonderen Fall der Unabhängigkeit der betrachteten Merkmalsysteme:

(9, 6) $$w(X_i \,\&\, Y_j \,\&\, Z_k) = w'(X_i)w''(Y_j)w'''(Z_k)$$

Bezüglich des Begriffs der Unabhängigkeit gelten auch hier die im § 7 Absatz 8 gemachten Bemerkungen.

§ 10. Hypothesen über die Anwendung der Wahrscheinlichkeitsrechnung.

10, 1. In diesem Kapitel haben wir die beiden elementaren Hauptsätze der Wahrscheinlichkeitsrechnung, die Mischungsregel und das Multiplikationstheorem abgeleitet. Beide gestatten uns, aus gewissen Ausgangswahrscheinlichkeiten unter den angegebenen Voraussetzungen andere zu berechnen. Wie aber erhalten wir diese Ausgangswahrscheinlichkeiten? Bei uns bisher durch Bestimmung des Grenzwertes der relativen Häufigkeiten in nicht abbrechenden Folgen. Da wir es in der Natur aber nur mit abbrechenden Ereignisfolgen zu tun haben, ersetzen wir in der Anwendung bei der Behandlung wirklich vorliegender Ereignisfolgen den idealen Grenzwert durch die Endrelativhäufigkeit. Wir sind uns dabei bewußt, daß dieser Ersatzwert mit einem Fehler behaftet ist; es kann sich ja z. B. beim Fortsetzen der Ereignisfolge die Endrelativhäufigkeit ändern. Doch glauben wir, daß diese Änderung bei großer Länge der Ereignisfolge, also nach sehr vielen Ereignissen, nicht mehr stark und damit der Fehler klein ist.

So finitisiert, ist die oben entwickelte Methode nach Ansicht des Verfassers tatsächlich die Methode der Statistik und im wesentlichen die Methode aller der Wissenschaften, die induktiv vorgehen, also z. B. aller noch nicht bis zu umfangreichem deduktivem Schließen entwickelten Naturwissenschaften.

10, 2. Anderseits ist es sicher, daß es auch andere Methoden zur Bestimmung von Wahrscheinlichkeiten gibt; denn in der Physik werden z. B. Wahrscheinlichkeiten angegeben, ohne daß vorher eine Ereignisfolge abgezählt wird. Wir wollen jetzt diese physikalische Methode schildern und sogleich danach mit ihrer Hilfe viele Beispiele durchrechnen. Es handelt sich also um die Frage: Wie bestimmt der Physiker Wahrscheinlichkeiten ohne Abzählung von Ereignisfolgen?

Wenn wir hier von dem „Physiker“ sprechen, so sind wir damit nicht der Auffassung, unsere Betrachtungen würden allein auf ihn zutreffen, sondern es geschieht nur der einfachen Ausdrucksweise wegen. Ebenso wie der Physiker werden auch andere in der gleichen, noch zu schildernden Weise verfahren.

10, 3. Nach der Ansicht des Verfassers handelt jeder Physiker nach den im folgenden geschilderten Hypothesen:

Bei einem Versuch unterscheiden wir die Versuchsvorschrift und deren Verwirklichung, den Einzelversuch. Das Wort Versuch wird demnach hier in einem zweifachen Sinne gebraucht. Einmal bedeutet es die Versuchsvorschrift, daneben aber auch den Einzelversuch, was doch beides etwas völlig Verschiedenes ist.

Solche Versuchsvorschriften sind z. B. folgende: Man lasse einen gegebenen Würfel aus der Höhe 50 cm auf den Tisch fallen und achte auf die oben liegende Augenzahl oder man messe die Länge eines Tisches mit einem gegebenen Maßstab und gebe die Länge in Zentimetern an oder man stelle die Augenfarbe des nächsten in Köln geborenen Kindes fest.

10, 4. Eine derartige Versuchsvorschrift denken wir uns nur unendlich oft verwirklicht; dann erhalten wir eine Folge von Einzelversuchen, die unter unseren früheren Begriff der Ereignisfolge fällt. Bei der Anwendung macht man dann die

Hypothese I. Wiederholt man einen Versuch immer wieder, so erhält man eine nichtabbrechende Folge von Einzelversuchen, von Verwirklichungen einer Versuchsvorschrift. Zu jedem Merkmal gibt es dann eine, allein durch die Versuchsvorschrift bestimmte Wahrscheinlichkeit.

Diese Hypothese besagt einmal, daß sich bei der Wiederholung von Versuchen auf Grund einer Versuchsvorschrift eine so ausgeklügelte Folge, wie wir sie zu Beginn des Kapitels betrachtet haben und wo eine Wahrscheinlichkeit nicht vorhanden war, nicht ergeben kann. Die Natur arbeitet also nach der Ansicht der Physiker nicht so raffiniert, wie wir es dort getan haben. Aus der Hypothese ergibt sich aber noch etwas mehr. Wenn man z. B. die Vorschrift hat, einen gegebenen unabnutzbaren Würfel aus der Höhe 50 cm fallen zu lassen, so gibt es dazu für die Augenzahlen 1, ..., 6 Wahrscheinlichkeiten, die für einen unsymmetrischen Würfel Werte haben, die nicht alle $^1/_6$ sind. Aber diese

Wahrscheinlichkeiten sind nach unserer Hypothese schon durch die Versuchsvorschrift bestimmt. Es ist also z. B. unmöglich, etwa dadurch, daß wir ein „zweites“ Mal mit dem gleichen abnutzbaren Würfel unendlich oft werfen, andere Wahrscheinlichkeiten zu erhalten.

Hingegen ist das freie Notieren der Zahlen 1 und 2 keine Versuchsvorschrift, da es dem Notierenden einfallen könnte, die Folge aus **4, 10** zu notieren, in der es **keine** Wahrscheinlichkeiten gab.

10, 5. Diese erste Hypothese erlaubt uns also häufig, die Existenz von Wahrscheinlichkeiten vorauszusagen, aber sie besagt in keiner Weise etwas über die Größe derselben. Um auch diese ohne Abzählung zu bestimmen, gehen die Physiker so vor: In vielen Fällen glauben sie entscheiden zu können, daß keines der betrachteten Merkmale vor den anderen ausgezeichnet ist. So z. B. ist man manchmal für die Augenzahlen eines Würfels dieser Überzeugung, wenn man den Würfel hinreichend gründlich ausgewogen und ausgemessen hat. Wir wollen solche durch physikalische Untersuchung, aber nicht durch Abzählung als gleichberechtigt festgestellte Merkmale als physikalisch symmetrisch bezeichnen. Wir meinen damit, daß wir auf Grund physikalischer Messungen oder Überlegungen zu der Überzeugung gekommen sind, daß diese Merkmale untereinander gleichberechtigt sind. Davon müssen wir jedoch die Aussage unterscheiden, daß die Merkmale statistisch symmetrisch sind. Das nämlich würde, wie wir früher festlegten, heißen, daß sich in einer Ereignisfolge, in unserem Beispiel in einer Folge von Würfen, die Wahrscheinlichkeiten der betrachteten Merkmale, also die Grenzwerte ihrer relativen Häufigkeiten, als gleich herausgestellt haben. Die Physiker handeln dann nach der folgenden

Hypothese II. P h y s i k a l i s c h s y m m e t r i s c h e M e r k m a l e s i n d a u c h s t a t i s t i s c h s y m m e t r i s c h, d. h. s i e h a b e n g l e i c h e W a h r s c h e i n l i c h k e i t e n.

10, 6. In vielen wichtigen Fällen gestattet diese Hypothese auf Grund der früher abgeleiteten Regeln die Angabe des Wertes der Wahrscheinlichkeiten. Wenn wir z. B. wissen, daß die sechs Seiten eines Würfels zu je zweien physikalisch symmetrisch sind, so haben die Augenzahlen zu je zweien gleiche Wahrscheinlichkeiten. Anderseits bilden die sechs Augenzahlen ein vollständiges System zu je zwei sich ausschließender Merkmale. Die Summe ihrer Wahrscheinlichkeiten ist also Eins; dann ist aber das Sechsfache jeder Wahrscheinlichkeit Eins, also ist die Wahrscheinlichkeit $^1/_6$. Das hätten wir durch Einsetzen in die Formel (6, 1) auch sofort erhalten.

Ganz ebenso ergibt sich offenbar im allgemeinen Falle für ein vollständiges System sich ausschließender und symmetrischer Merkmale als Wert der Wahrscheinlichkeit eines einzelnen Merkmals $1/m$, wobei wir jetzt unter symmetrisch physikalisch symmetrisch verstehen.

10, 7. Aus der Mischungsregel ergibt sich dann weiter für die Mischung von g Merkmalen aus einem solchen vollständigen System von m sich ausschließenden und physikalisch symmetrischen Merkmalen die Wahrscheinlichkeit g/m. Gewöhnlich braucht man dann an Stelle des Ausdrucks physikalisch symmetrisch auch die Ausdrucksweise, daß die betrachteten Merkmale gleichmöglich sind und daß von diesen g der Mischung günstig sind. Es muß sich dabei aber immer um ein vollständiges System sich ausschließender und symmetrischer Merkmale handeln. In diesem Falle, jedoch nur unter den gemachten Voraussetzungen, hat sich dann ergeben: Die Wahrscheinlichkeit der Mischung ist der Quotient aus der Anzahl der günstigen durch die Anzahl der möglichen Fälle.

Diese Aussage ist in unserer Theorie aber eine Aussage über die Existenz eines Grenzwertes von relativen Häufigkeiten in jeder Folge von Realisationen des Versuchs. Unsere Aussage über Wahrscheinlichkeiten kommt einer Voraussage gleich, die der Physiker über Häufigkeiten bei zukünftigen, zu machenden Versuchen macht; nämlich die, daß der Grenzwert der relativen Häufigkeiten vorhanden ist und den Wert g/m hat.

10, 8. Häufig wird nun ein solcher Quotient aus der Zahl der günstigen durch die Zahl aller möglichen Fälle zur Einführung des Begriffs der Wahrscheinlichkeit benutzt. Dagegen ist in dem Falle nicht viel einzuwenden, wenn hinreichend vorsichtig formuliert wird; denn auch nach unserer Häufigkeitstheorie liefert ja der Quotient g/m unter den gegebenen Voraussetzungen den Wert der Wahrscheinlichkeit. Wenn man diesen Quotient aber zur Festlegung des Wahrscheinlichkeitsbegriffes benutzt, so hat er von vornherein mit der Anzahl des Auftretens beim wirklichen Werfen nichts zu tun. Es muß dann noch durch ein besonderes Postulat gefordert werden, daß dieser Quotient auch als Grenzwert relativer Häufigkeiten in der Folge der gemachten Einzelversuche auftritt. Dieser Weg der „a priorischen Theorie" ist gerade entgegengesetzt zu dem von uns eingeschlagenen. Aber dieser Weg ist enger als der unsere.

Z. B. kann in der apriorischen Theorie die Wahrscheinlichkeit Null nur auf die künstliche Weise erhalten werden, daß nach einer Mischung gefragt ist, wo nichts gemischt ist; das Auftreten der gefragten Eigenschaft ist dann unmöglich. Das Merkmal 2 in der von uns zu Beginn des Kapitels betrachteten Folge (§ 4, 8) hat bei uns die Wahrscheinlichkeit Null, nach der apriorischen Theorie aber keine Wahrscheinlichkeit.

Der Weg der apriorischen Theorie ist nur gangbar für solche Teile der Physik, deren Theorie feststeht; er ist vollkommen unnatürlich für die Statistik und für alle wesentlich induktiven Wissenschaften, bei denen die primäre Erkenntnis aus der Abzählung von hinreichend großen Gesamtheiten abgeleitet wird.

10, 9. Neben den bisher besprochenen Hypothesen gibt es noch eine dritte, mit deren Hilfe in den Anwendungen der Wahrscheinlichkeitsrechnung ebenfalls über die Wahrscheinlichkeiten a priori Aussagen gemacht werden. In vielen Fällen glaubt der Physiker, für zwei gegebene Versuchsvorschriften entscheiden zu können, daß sie voneinander unabhängig sind. So z. B. wird man der Überzeugung sein, daß beim gleichzeitigen Würfeln mit zwei Würfeln an zwei verschiedenen Tischen, das Ergebnis des einen Wurfs den andern nicht beeinflußt. Man glaubt dann, daß diese beiden physikalisch unabhängigen Versuche auch statistisch unabhängig sind. Damit handelt man nach der

Hypothese III. Stellt man zu zwei physikalisch unabhängigen Versuchsvorschriften $\mathfrak{V}'$ und $\mathfrak{V}''$ irgend zwei Folgen von Verwirklichungen F' und F'' her, so sind die ursprünglichen Wahrscheinlichkeiten dieser Merkmale gleich den nachträglichen, d. h. die betrachteten Merkmalsysteme sind für die beiden Folgen F' und F'' im Sinne der Festsetzung 9, 4 unabhängig voneinander.

Entsprechendes gilt für mehr als zwei Versuchsvorschriften. Da in die Festsetzung 9, 4 die Reihenfolge der Merkmale eingeht, so enthält die Hypothese III diese scheinbar ebenfalls. Da man aber der Überzeugung sein wird, daß in die physikalische Unabhängigkeit der Versuche $\mathfrak{V}'$ und $\mathfrak{V}''$ die Merkmalreihenfolge nicht eingeht, so besagt die Hypothese III demnach, daß die beiden Folgen F' und F'' bei jeder Reihenfolge der Merkmale im Sinne der Festsetzung 9, 4 unabhängig sind.

Wir bemerken, daß die Existenz der genannten Wahrscheinlichkeiten, auch der nachträglichen, schon durch die Hypothese I gesichert ist. Die Versuchsvorschrift, die z. B. zu der Wahrscheinlichkeit $w''^{*}_{X}(Y)$ führt, heißt: Man mache den Versuch $\mathfrak{V}'$, und falls dieser das Merkmal X liefert, mache man den Versuch $\mathfrak{V}''$. Dessen Merkmal Y werte man, wobei sich für Y nach der Hypothese I eine Wahrscheinlichkeit ergeben muß.

10, 10. Für die Anwendungen ist besonders wichtig, daß das allgemeine Multiplikationstheorem schon durch die I. Hypothese, also bei Versuchsvorschriften immer, gewährleistet ist. Das spezielle Multiplikationstheorem ist dagegen erst durch die III. Hypothese, und zwar für alle physikalisch unabhängigen Versuchsvorschriften gesichert.

10, 11. Wir beschließen nun die Einführung in die Grundbegriffe und elementaren Grundregeln der Wahrscheinlichkeitsrechnung und wenden uns im nächsten Kapitel zunächst der Aufgabe zu, eine Reihe von Anwendungsbeispielen grundsätzlicher Art zu behandeln und durchzurechnen.

III. Kapitel.

Serien von Ereignissen.

§ 11. Anwendungen der Mischungsregel und des Multiplikationstheorems.

11, 1. Ehe wir uns mit dem eigentlichen Thema dieses Kapitels, mit den Serien von Ereignissen befassen, werden wir in diesem Paragraphen an einer Reihe von Beispielen die Anwendung des Multiplikationstheorems und der Mischungsregel behandeln.

11, 2. Nach unserer ersten Hypothese sind beim Würfeln mit einem nichtsymmetrischen Würfel die Wahrscheinlichkeiten der sechs Merkmale 1, 2, 3, 4, 5, 6 jedenfalls vorhanden. Es möge sich nun dazu ergeben haben, daß die Wahrscheinlichkeiten der Merkmale 1, ..., 5 die folgenden Werte haben:

$$w(1) = 0{,}14 \quad w(2) = 0{,}21 \quad w(3) = 0{,}12 \quad w(4) = 0{,}10 \quad w(5) = 0{,}23$$

Demnach ist der benutzte Würfel sicher nicht symmetrisch.

Da die Merkmale 1, ..., 6 jedoch ein vollständiges System sich ausschließender Merkmale bilden, ist nach der Mischungsregel (Satz 5, 3):

$$\sum_{k=1}^{k=6} w(k) = w(1) + w(2) + w(3) + w(4) + w(5) + w(6) = 1.$$

Daraus läßt sich jetzt, wo die Wahrscheinlichkeiten der Merkmale 1, ..., 5 bekannt sind, $w(6)$ berechnen. Wir erhalten

$$w(6) = 1 - [w(1) + w(2) + w(3) + w(4) + w(5)] = 1 - 0{,}8 = 0{,}2.$$

Auch die Wahrscheinlichkeit, eine „gerade" Augenzahl zu werfen, kann mit Hilfe der Mischungsregel sofort gefunden werden; denn „gerade" ist doch die Mischung der Merkmale 2, 4, 6. Also ist

$$w(\text{gerade}) = w(2) + w(4) + w(6) = 0{,}51.$$

Wissen wir aber von einem Würfel von vornherein, daß er physikalisch symmetrisch ist, so ist nach den beiden ersten Hypothesen und nach Satz 6, 1

$$w(1) = w(2) = w(3) = w(4) = w(5) = w(6) = 1/6$$

und demnach auch

$$w(\text{gerade}) = \frac{3}{6} = \frac{1}{2}.$$

11, 3. In einer Urne mögen sich 20 Kugeln befinden, je 10 rote und schwarze. Die roten Kugeln seien von 1 bis 10, die schwarzen von 11 bis 20 numeriert. Aus der Urne soll nun mit jedem Zug eine Kugel gezogen und wieder zurückgelegt werden. Die Kugeln setzen wir dabei als physikalisch symmetrisch oder, wie wir auch sagen, als untereinander gleichberechtigt voraus. Dann ergibt sich als Wahrscheinlichkeit eine bestimmte Kugel — nämlich die Kugel mit der Nummer n — zu ziehen.

$$w(n) = \frac{1}{20}$$

und nach der Mischungsregel folgt auch ohne weiteres, daß

$$w\,(\text{schwarz}) = w\,(\text{rot}) = \frac{10}{20} = \frac{1}{2}$$

und

$$w\,(\text{ungerade}) = w\,(\text{gerade}) = \frac{10}{20} = \frac{1}{2}$$

ist. Wie groß ist aber die Wahrscheinlichkeit, eine schwarze Kugel gerader Nummer zu ziehen?

Nach dem allgemeinen Multiplikationstheorem ist

$$w(\text{schwarz \& gerade}) = w\,(\text{schwarz})\,w^*_{\text{schwarz}}(\text{gerade}),$$

worin w^* wie immer die nachträgliche Wahrscheinlichkeit bedeutet, also die Wahrscheinlichkeit für gerade, nachdem schon schwarz gefallen ist. Es fragt sich nun, wie groß diese beiden Wahrscheinlichkeiten sind. Da nach unserer Voraussetzung alle Kugeln gleichberechtigt sind, ist nach der zweiten Hypothese und nach Satz 6, 2 $w(\text{schwarz}) = \frac{1}{2}$. Ebenso sind aber auch die schwarzen Kugeln untereinander gleichberechtigt, und demnach ist auch die Wahrscheinlichkeit für „gerade" in der Folge F^*_{schwarz} der Ziehungen, die als Ergebnis eine schwarze Kugel lieferten, $w^*_{\text{schwarz}}\,(\text{gerade}) = \frac{1}{2}$. Somit erhalten wir $w(\text{schwarz \& gerade}) = \frac{1}{4}$.

Dieses Resultat hätten wir natürlich auch direkt ableiten können; denn die Anzahl der schwarzen Kugeln gerader Nummer ist 5, und damit ergibt sich sofort

$$w(\text{schwarz \& gerade}) = \frac{5}{20} = \frac{1}{4}.$$

11, 4. Werfen wir gleichzeitig mit einem physikalisch symmetrischen Würfel und einer physikalisch symmetrischen Münze, so ist nach dem Satz über die Verbindung zweier Folgen, die Wahrscheinlichkeit mit dem Würfel 5 und gleichzeitig mit der Münze Bild zu werfen:

$$w(5\ \&\ B) = w'(5)\,w''^*_5(B)$$

und, da wir hier jedenfalls der Überzeugung sind, daß die beiden „Versuchsvorschriften" unabhängig sind:

$$w(5\ \&\ B) = w'(5)\,w''(B) = \frac{1}{6}\,\frac{1}{2} = \frac{1}{12}.$$

Würden wir mit zwei Würfeln werfen, so ergibt sich in derselben Weise z. B.

$$w(5\ \&\ 3) = w' \quad w'(5) \cdot w''(3) = \frac{1}{6}\,\frac{1}{6} = \frac{1}{36}.$$

Wenn wir in diesem letzten Beispiel danach fragen, wie groß die Wahrscheinlichkeit ist, mit beiden Würfeln zusammen 7 zu werfen, so können wir diese Frage wieder mit Hilfe der Mischungsregel beantworten. Die Augenzahl 7 kann auf folgende Weise zustandekommen:

$1+6$, $2+5$, $3+4$, $4+3$, $5+2$, $6+1$, wobei sich die erste Zahl jeder Summe auf den ersten, die zweite Zahl auf den zweiten der beiden Würfel beziehen soll. Insgesamt erhalten wir so 6 Fälle, die alle die Wahrscheinlichkeit $\frac{1}{36}$ haben. Die gesuchte Wahrscheinlichkeit ist daher $\frac{6}{36}=\frac{1}{6}$. Als Wahrscheinlichkeit, mit einem Wurf beider Würfel 10 zu werfen, erhalten wir in der entsprechenden Weise $\frac{3}{36}=\frac{1}{12}$. Es zeigt sich also, daß die beiden betrachteten Fälle nicht gleichberechtigt sind.

§ 12. Serien von Ereignissen.

12, 1. Im vorigen Paragraphen haben wir als Beispiel aufeinanderfolgende Würfe mit zwei verschiedenen Würfeln betrachtet. Wir können uns statt dessen auch vorstellen, die beiden Würfe seien hintereinander mit einem und demselben Würfel ausgeführt worden. Auch diese Art des Werfens können wir auffassen als zwei Versuche, die wir hintereinander ausführen und von denen wir in unserem Beispiel überzeugt sind, daß sie voneinander unabhängig sind.

Nach unseren Hypothesen und dem speziellen Multiplikationstheorem ist dann die Wahrscheinlichkeit, ein gewisses Paar von Merkmalen in einem „Doppelereignis" zu erhalten, $w(X \& Y) = w(X)w(Y)$.

Allgemeiner können wir an Stelle der beiden Würfe auch mehr zu einer „Serie" von Würfen zusammenfassen:

Festsetzung 12, 1. Wir verstehen allgemein unter einer **Serie von Ereignissen** n aufeinanderfolgende Ereignisse einer Ereignisfolge, von der wir voraussetzen, daß ihre Ereignisse voneinander unabhängig sind.

12, 2. Ehe wir uns nun allgemein mit der Wahrscheinlichkeit des Auftretens von gewissen Merkmalen oder auch Merkmalkombinationen in einer solchen „Serie" befassen, wollen wir zuvor an einigen Beispielen die auftretenden Fragen erläutern und besprechen.

12, 3. Dazu denken wir uns der Einfachheit halber eine Ereignisfolge mit zwei symmetrischen Merkmalen gegeben, also etwa die Würfe mit einer Münze und den beiden Merkmalen Schrift und Bild. Es ist dann $w(S) = w(B) = \frac{1}{2}$.

Betrachten wir nun eine Serie von n Würfen mit dieser Münze, so können wir nach der Wahrscheinlichkeit dafür fragen, daß in dieser Serie wenigstens einmal das Merkmal Schrift gefallen ist. Wir sind nach Hypothese I sicher, daß diese Wahrscheinlichkeit vorhanden ist. Schon rein gefühlsmäßig werden wir der Überzeugung sein, daß sie um so größer ist, je länger die Serie ist.

Die direkte Beantwortung der vorgelegten Frage ist aber recht kompliziert, und wir gewinnen darin auch nichts, wenn wir uns stattdessen nach der Wahrscheinlichkeit dafür fragen, daß in der Serie genau einmal Schrift auftritt. Doch ist mit einem kleinen Kunstgriff die gestellte Aufgabe leicht zu lösen, indem wir nämlich gerade nach dem Gegenteil unserer ursprünglichen Fragestellung fragen, nämlich nach der Wahrscheinlichkeit dafür, daß in der Serie keinmal Schrift auftritt oder, was offenbar das gleiche ist, daß alle Ereignisse der Serie das Merkmal Bild zeigen. Nach dem speziellen Multiplikationstheorem, das wir auf Grund der vorausgesetzten Unabhängigkeit der einzelnen Würfe voneinander anwenden können, ist diese Wahrscheinlichkeit $\frac{1}{2}\frac{1}{2}\cdots\frac{1}{2}\frac{1}{2} = \left(\frac{1}{2}\right)^n$. Da genau einer der beiden Fälle, mindestens einmal oder aber keinmal Schrift, auftreten muß, ist die Summe ihrer zwei Wahrscheinlichkeiten Eins.

Daraus ergibt sich jetzt endgültig als Wahrscheinlichkeit w dafür, daß in einer Serie von n Würfen mindestens einmal Schrift kommt:

$$w = 1 - \frac{1}{2^n}. \tag{12, 1}$$

Damit ist auch die zu Anfang ausgesprochene Vermutung bewiesen, daß diese Wahrscheinlichkeit um so größer ist, je länger die betrachtete Serie; denn je größer n, um so kleiner ist $\frac{1}{2^n}$ und um so größer ist damit $1 - \frac{1}{2^n}$.

Wir nehmen uns nun vor, einmal zu untersuchen, wie lang wir die Serie machen müssen, damit diese Wahrscheinlichkeit, innerhalb der Serie wenigstens einmal Schrift zu werfen, gerade größer wird als $\frac{99}{100}$. Dazu muß n so gewählt werden, daß

$$1 - \frac{1}{2^n} > \frac{99}{100}$$

d. h.

$$\frac{1}{2^n} < \frac{1}{100}$$

oder

$$2^n > 100.$$

Das ist aber das erstemal der Fall für $n = 7$. Werfen wir also mit einer symmetrischen Münze, so ist die Wahrscheinlichkeit, in einer Serie von 7 Würfen mindestens einmal Schrift zu werfen, größer als $\frac{99}{100}$ oder anders ausgedrückt: Wenn wir lange genug werfen, so enthalten mindestens 99% aller Serien von 7 Würfen mindestens einmal Schrift. Nennen wir eine Serie von Würfen, die keinmal Schrift enthielt, eine *ausgefallene Serie*, so können wir das gefundene Ergebnis auch so formulieren: Werfen wir lange genug mit einer symmetrischen Münze, so ist höchstens 1% der Serien von je 7 Würfen ausgefallen.

12, 4. Ganz anders werden die Verhältnisse, wenn die Wahrscheinlichkeit für das Auftreten des fraglichen Merkmals, das an Stelle von S im obigen Beispiel tritt, nicht $1/2$, sondern wesentlich kleiner ist. Dann wird die Serie viel länger gemacht werden müssen, wenn wir wieder erreichen wollen, daß höchstens 1% der Serien ausgefallen ist.

Es sei etwa die Wahrscheinlichkeit, ein Ziel mit einem einzigen Schuß zu treffen, $1/_{1000}$. Wenn wir keine Beobachtung haben, wird diese Wahrscheinlichkeit durch Einschießen nicht verbessert werden können und somit für alle weiteren Schüsse bestehen bleiben; denn wir besitzen ja kein Mittel zur Korrektion der Schüsse. Nun wollen wir auf das Ziel so lange schießen, bis die Wahrscheinlichkeit, mindestens einmal in dieser Schußserie das Ziel getroffen zu haben, größer als $^{99}/_{100}$ ist.

Dazu gehen wir ebenso vor wie vorhin. Die Wahrscheinlichkeit, in der Serie überhaupt keinen Treffer anzubringen, ist $\left(\frac{999}{1000}\right)^n$, wo n die Länge der Serie, d. h. die Zahl der abgegebenen Schüsse ist. Daher ist dann die Wahrscheinlichkeit, wenigstens einmal zu treffen, $1-\left(\frac{999}{1000}\right)^n$. Wir müssen n nun so bestimmen, daß dieser Ausdruck größer wird als $^{99}/_{100}$. D. h.

$$1-\left(\frac{999}{1000}\right)^n > \frac{99}{100}$$

oder

$$\left(\frac{999}{1000}\right)^n < \frac{1}{100}$$

also

$$\left(\frac{1000}{999}\right)^n > 100.$$

Gehen wir zu den Logarithmen über, so ergibt sich aus dieser Beziehung

$$n(\log 1000 - \log 999) > 2.$$

Eine grobe Rechnung liefert dann, daß jedenfalls $n > 5000$ genügt.

Wir müßten also etwa 5000 Schüsse abgeben, um das Ziel mit 99% Wahrscheinlichkeit wenigstens einmal zu treffen.

12, 5. Wie das vorige Beispiel zeigte, ist die Wahrscheinlichkeit, eine „ausgefallene" Serie von n Würfen zu erwischen, für jedes n von Null verschieden, wenn nur sämtliche Ausgangswahrscheinlichkeiten von Null und damit von Eins verschieden sind. Entsprechend unserer Fragestellung für die Einzelversuche können wir uns nun auch für die Serien fragen, wieviele Serien (von je n Würfen) wir machen müssen, damit die Wahrscheinlichkeit, darunter wenigstens eine ausgefallene Serie zu haben, größer als $^{99}/_{100}$ wird. Es sei s die Zahl der geworfenen Serien (zu je n Würfen), also die Länge der „Serie" von Serien. Die Wahrscheinlichkeit des betrachteten Einzelereignisses sei wieder gleich $1/2$.

Dann ist die Wahrscheinlichkeit dafür, daß eine vorgegebene Serie nicht ausgefallen ist, $1 - \frac{1}{2^n}$, also kleiner als Eins. Demnach ist die Wahrscheinlichkeit, daß alle s Serien nicht ausgefallen sind, $\left(1 - \frac{1}{2^n}\right)^s$ und mit wachsendem s nimmt diese Wahrscheinlichkeit immer mehr und mehr nach Null hin ab, es ergibt sich eine Nullfolge. Die Wahrscheinlichkeit, mit den s Serien eine ausgefallene zu erreichen, nimmt deshalb zu und nähert sich der Eins. In unserem Beispiel war $n = 7$, also

$$1 - \frac{1}{2^n} = 1 - \frac{1}{2^7} = 1 - {}^1/_{128} = {}^{127}/_{128}.$$

Wir wollen nun s so wählen, daß die Wahrscheinlichkeit, unter den s Serien von je 7 Würfen eine ausgefallene zu haben, größer als ${}^{90}/_{100}$ ist. Dann müssen wir s so bestimmen, daß $({}^{127}/_{128})^s < {}^1/_{100}$ ist, oder

$$\left(\frac{128}{127}\right)^s > 100$$

Also

$$s(\log 128 - \log 127) > 2.$$

Es genügt jedenfalls, $s > \frac{1000}{3}$ zu wählen.

Solange die Wahrscheinlichkeit für das ausgefallene Ereignis nicht Null ist, können wir allgemein nach den vorigen Überlegungen durch genügend häufiges Wiederholen erzwingen, daß die Wahrscheinlichkeit, mindestens einmal das ausgefallene Ereignis in einer Serie von Ereignissen zu erzielen, beliebig nahe an Eins liegt. Damit ist auch bewiesen, daß die „ausgefallene Serie“ einmal auftreten muß, wenn wir die Versuchsreihe lange genug fortsetzen.

12, 6. Haben wir uns bis jetzt mit einer einfachen Fragestellung befaßt, so wollen wir nun dazu übergehen, auch kompliziertere Fälle zu behandeln. Doch werden wir hier gleich allgemein den Sachverhalt klarstellen, da das nicht mehr Mühe macht als die Abzählung der Möglichkeiten in jedem einzelnen Fall. Allerdings beruhen unsere allgemeinen Überlegungen, prinzipiell gesehen, auch auf dem Verfahren der Abzählung.

Es seien n Dinge gegeben, die wir etwa durch die Zahlen $1, \ldots, n$ kennzeichnen. Wir können uns nun fragen, auf wieviele verschiedene Arten wir diese Dinge anordnen können. Die Zahl der Anordnungen A_n von n Dingen berechnen wir nun zunächst schrittweise. A_1 ist selbstverständlich Eins, A_2 ergibt sich zu 2, weil wir doch zwei Dinge auf genau zwei Arten, nämlich 1, 2 und 2, 1 anordnen können. Bei drei Dingen können wir jedes der drei an die Spitze der Anordnung stellen und dahinter die beiden übrigbleibenden auf je zwei Arten anordnen. Insgesamt ergibt das $A_3 = 3 \cdot A_2$ Anordnungen, da die auf diese Weise gewonnenen Anordnungen sich sicher alle voneinander unterscheiden und wir auch jede mögliche Anordnung erfassen. Entsprechend ergibt sich durch Fortsetzung des Verfahrens $A_4 = 4A_3, \ldots, A_n = nA_{n-1}$. Wir haben also:

$$\begin{aligned} A_1 &= 1 \\ A_2 &= 2 \cdot A_1 = 2 \cdot 1 \\ A_3 &= 3 \cdot A_2 = 3 \cdot 2 \cdot 1 \\ A_4 &= 4 \cdot A_3 = 4 \cdot 3 \cdot 2 \cdot 1 \\ &\vdots \end{aligned}$$

und schließlich

$$A_n = n \cdot A_{n-1} = n(n-1) \ldots 3 \cdot 2 \cdot 1.$$

Für das Produkt der n ersten Zahlen 1, 2, ..., n hat man eine allgemein gebräuchliche Abkürzung eingeführt. Man bezeichnet dieses Produkt nämlich mit $n!$ — gelesen „n Fakultät":

(12, 2) $$n! = 1 \cdot 2 \cdot 3 \ldots (n-2)\,(n-1)\,n.$$

Mit dieser Bezeichnung gilt dann für die Anzahl aller möglichen Anordnungen von n Dingen

(12, 3) $$A_n = n!$$

Es ist also z. B. $A_3 = 3! = 6$ und $A_7 = 7! = 7 \cdot 6 \cdot 5 \cdot 4 \cdot 3 \cdot 2 \cdot 1 = 5040$.

12, 7. Nach dieser Art Vorbereitung gehen wir nun daran, die für uns wichtige Frage zu beantworten, auf wieviele Arten wir aus einer gegebenen Anzahl n von Dingen eine kleinere Anzahl k von Dingen herausgreifen können. Dabei müssen wir allerdings beachten, ob es auf die Reihenfolge, in der die herausgegriffenen Dinge genommen werden, ankommt oder nicht, d. h. ob wir zwei Systeme herausgegriffener Dinge, die sich nur durch die Reihenfolge, in welcher ihre Elemente herausgegriffen wurden, unterscheiden, als verschieden ansehen oder nicht. Im ersten Fall sprechen wir von geordneten, im zweiten von ungeordneten Systemen. Im letzten Fall würden wir also z. B. die beiden Anordnungen 1, 2 und 2, 1 als gleichwertig betrachten.

Wir bezeichnen im folgenden die Anzahl der geordneten Systeme von k Dingen aus n gegebenen mit $G_k^{(n)}$, die der ungeordneten mit $U_k^{(n)}$. Wie man leicht nachrechnet, ist z. B. $G_2^{(3)} = 6$, aber $U_2^{(3)} = 3$.

12, 8. Zwischen diesen beiden Anzahlen können wir sofort eine Beziehung aufstellen. Da wir nämlich jedes System von k aus den n Dingen herausgegriffenen auf A_k verschiedene Arten anordnen können, ist die Zahl der geordneten Systeme A_k-mal größer als die der ungeordneten:

$$G_k^{(n)} = A_k U_k^{(n)}$$

oder nach (12, 3)

$$G_k^{(n)} = k!\, U_k^{(n)}.$$

Anders geschrieben:

(12, 4) $$U_k^{(n)} = \frac{G_k^{(n)}}{k!}.$$

Jetzt haben wir also nur noch eine der beiden Anzahlen $G_k^{(n)}$ oder $U_k^{(n)}$ zu berechnen, dann ist uns auch die andere bekannt.

Wir bestimmen $G_k^{(n)}$, und zwar zunächst in dem Beispiel $G_2^{(7)}$. Wir denken uns also aus 7 Elementen geordnete Paare herausgegriffen und fragen, auf wieviele Arten wir das tun können. Als Elemente können wir wieder die Zahlen 1, 2, ..., 7 nehmen. Die Paare aus diesen Zahlen bilden wir in der folgenden Weise. Als erstes Element eines Paares nehmen wir zunächst 1, als zweites Element der Reihe nach die restlichen 6 Zahlen, dann nehmen wir als erstes Element 2 und als zweites wieder der Reihe nach die restlichen 6 usw. Insgesamt erhalten wir so 7·6 Paare, die alle verschieden sind.

Allgemein ergibt sich auf die gleiche Weise $G_2^{(n)}$. Hier haben wir für die Besetzung der ersten Stelle eines Paares der Reihe nach n Elemente zur Verfügung und können die zweite Stelle dann, nachdem die erste besetzt ist, mit einem der restlichen $n-1$ Elemente besetzen. Daher wird

(12, 5) $$G_2^{(n)} = n(n-1).$$

Mit Hilfe von $G_2^{(n)}$ berechnen wir nun auch $G_3^{(n)}$. Dazu gehen wir so vor, daß wir an die erste Stelle eines Tripels wieder irgendeines der gegebenen Elemente $1, \ldots, n$ setzen und die beiden letzten Stellen dann mit einem der aus den restlichen $n-1$ Elementen gebildeten Paare. Da es $G_2^{(n-1)}$ solcher Paare gibt, erhalten wir zu jedem Element $G_2^{(n-1)}$ verschiedene Tripel, die das gegebene Element als erstes Element enthalten. Insgesamt ergeben sich derart $nG_2^{(n-1)}$ Tripel. Also wird, da nach (12, 5)

$$G_2^{(n-1)} = (n-1)(n-1-1) = (n-1(n-2)$$

ist,

(12, 6) $$G_3^{(n)} = nG_2^{(n-1)}$$

oder

(12, 7) $$G_3^{(n)} = n(n-1)(n-2).$$

Auf die gleiche Weise erhalten wir

$$G_4^{(n)} = nG_3^{(n-1)}$$
$$= n(n-1)(n-2)(n-3)$$

und schließlich wird ebenso

(12, 8) $$G_k^{(n)} = n\, G_{k-1}^{(n-1)}$$

und daraus der Reihe nach:

$$G_k^{(n)} = n(n-1)\, G_{k-2}^{(n-2)}$$
$$G_k^{(n)} = n(n-1)(n-2)\, G_{k-3}^{(n-3)}$$
$$\vdots$$
$$G_k^{(n)} = n(n-1)(n-2)\ldots(n-k+2)\, G_1^{(n-[k-1])}$$

d. h.

(12, 9) $$G_k^{(n)} = n(n-1)(n-2)\ldots(n-k+1),$$

denn offenbar ist $G_1^{(n)}$, also die Anzahl, die angibt, wie oft man aus n Elementen eines herausgreifen kann, gleich n. Es ist daher $G_1^{(n-[k-1])} = n-(k-1) = n-k+1$.

Für $G_n^{(n)}$ folgt aus (12, 9) z. B. die uns schon bekannte Formel

(12, 10) $$G_n^{(n)} = A_n = n(n-1)\ldots 2\cdot 1 = n!$$

zurück. Außerdem notieren wir noch

(12, 11) $$G_1^{(n)} = n.$$

Es ist nach (12, 9) z. B. $G_3^{(7)} = 7 \cdot 6 \cdot 5 = 210$, und das bedeutet: Man kann aus 7 Dingen auf genau 210 Arten Tripel auswählen, wenn man Tripel, die sich in ihrer Reihenfolge unterscheiden, als verschieden ansieht.

12, 9. Nachdem wir nun $G_k^{(n)}$ kennen, ist nach der vorhin abgeleiteten Formel (12, 4) auch $U_k^{(n)}$ bekannt.

Also ist

$$U_k^{(n)} = \frac{G_k^{(n)}}{k!} = \frac{n(n-1)\ldots(n-k+1)}{k!} \tag{12, 12}$$

Den rechtsstehenden Ausdruck bezeichnet man gewöhnlich in der mathematischen Literatur mit $\binom{n}{k}$ — gelesen n über k — und nennt ihn aus Gründen, die hier nicht besprochen werden sollen, einen Binomialkoeffizienten.

Es ist also:

$$\binom{n}{k} = \frac{n(n-1)(n-2)\ldots(n-k+1)}{1 \cdot 2 \cdot 3 \ldots k}. \tag{12, 13}$$

Wir können diesen Ausdruck auch etwas anders schreiben, indem wir den Bruch mit $(n-k)! = (n-k)(n-k-1)\ldots 1$ erweitern. Es folgt dann

$$\binom{n}{k} = \frac{n(n-1)\ldots(n-k+1)(n-k)\ldots 1}{1 \cdot 2 \ldots k \cdot 1 \ldots (n-k)}$$

oder unter Benutzung der früher eingeführten Schreibweise:

$$\binom{n}{k} = \frac{n!}{k!\,(n-k)!} \tag{12, 14}$$

Mit dieser Bezeichnung ist also

$$U_k^{(n)} = \binom{n}{k} = \frac{n!}{k!\,(n-k)!}. \tag{12, 15}$$

Aus der Bedeutung von $U_k^{(n)}$ ist klar, daß $U_k^{(n)}$ eine ganze Zahl ist. Die oben angeschriebene Division muß also immer aufgehen. Es wäre gar nicht so einfach, das direkt zu beweisen.

Aus der Bedeutung von $U_n^{(n)}$ und auch von $U_1^{(n)}$ ergibt sich sofort:

$$\binom{n}{1} = n \tag{12, 16}$$

$$\binom{n}{n} = 1$$

12, 10. Für die $\binom{n}{k}$ läßt sich eine wichtige Beziehung ableiten, es ist nämlich:

$$\binom{n}{k} = \binom{n}{n-k}. \tag{12, 17}$$

Einmal läßt sich das aus der Formel (12, 14) ausrechnen; denn es ist doch nach dieser Formel

$$\binom{n}{k} = \frac{n!}{k!\,(n-k)!}$$

und demnach:

$$\binom{n}{n-k} = \frac{n!}{(n-k)!\,(n-(n-k))!} = \frac{n!}{(n-k)\,!\,k!} = \binom{n}{k}.$$

Anderseits ergibt sich die behauptete Beziehung auch aus der Bedeutung von $U_k^{(n)}$ und $U_{n-k}^{(n)}$; denn statt zu sagen, daß wir aus einer Gesamtheit von n Dingen k Dinge herausgreifen, können wir nämlich auch sagen, daß wir $n-k$ Dinge liegen lassen.

Auf diese Weise können wir auch dem an sich sinnlosen $U_0^{(n)}$, also $\binom{n}{0}$, eine Bedeutung geben, wenn wir an Stelle der zunächst sinnlosen Aussage, wir greifen aus den gegebenen n Dingen keines heraus, sagen, wir lassen alle liegen. Wir müssen dann unter $\binom{n}{0}$ die Zahl Eins verstehen:

12, 18) $$\binom{n}{0} = 1.$$

Dann stimmt unsere Regel (12, 17) auch in diesem zunächst bedeutungslosen Falle. Die Formel (12, 12) liefert z. B. $U_3^{(7)} = \binom{7}{3} = \frac{7\cdot 6\cdot 5}{1\cdot 2\cdot 3} = 35$ und das bedeutet: Man kann aus 7 Dingen auf genau 35 Arten Tripel herausgreifen, wenn zwei verschieden geordnete Tripel als nicht verschieden angesehen werden.

12, 11. Die gewonnenen Resultate wollen wir nun auf Fragen der Wahrscheinlichkeitsrechnung anwenden. Wir können nun z. B. ohne weiteres die Frage beantworten, wie groß die Wahrscheinlichkeit ist, bei einer Serie von 12 Proben mit einer symmetrischen Münze genau dreimal Schrift zu werfen. Zuerst berechnen wir die Wahrscheinlichkeit, genau in den ersten drei Proben Schrift zu werfen. Da die Wahrscheinlichkeit, mit einem Wurf Schrift zu werfen, 1/2 ist, ist nach dem speziellen Multiplikationstheorem die gesuchte Wahrscheinlichkeit

$$\frac{1}{2}\frac{1}{2}\frac{1}{2}\overbrace{\left(1-\frac{1}{2}\right)\left(1-\frac{1}{2}\right)\cdots\left(1-\frac{1}{2}\right)\left(1-\frac{1}{2}\right)}^{9}.$$

Also

$$\left(\frac{1}{2}\right)^{12}.$$

Ebenso groß ist die Wahrscheinlichkeit, auf irgendeine andere Art in drei Würfen das Merkmal Schrift zu erhalten und sonst nicht mehr. Damit haben wir nur noch zu bestimmen, auf wieviele Arten wir insgesamt genau dreimal Schrift werfen können. Da wir es hier mit Anordnungen ohne Reihenfolge zu tun haben, müssen wir die Formel für die $U_k^{(n)}$ anwenden. Damit erhalten wir für die gesuchte Wahrscheinlichkeit nach der Mischungsregel für die $\binom{12}{3}$ verschiedenen, sich gegenseitig ausschließenden Möglichkeiten:

$$w = \left(\frac{1}{2}\right)^{12} \cdot \binom{12}{3}.$$

12, **12.** Auf die gleiche Weise erhalten wir die Wahrscheinlichkeit, mit n Proben einer symmetrischen Münze k mal Schrift zu werfen. Da die Wahrscheinlichkeit, mit einem Wurf Schrift zu werfen, nach Voraussetzung gleich 1/2 ist, ergibt sich für jede einzelne der verschiedenen Arten, unter den n Proben k mal Schrift zu werfen, die Wahrscheinlichkeit $w = \left(\frac{1}{2}\right)^n$. Da dieses Vorkommnis auf insgesamt $\binom{n}{k}$ Arten eintreten kann, ergibt sich nach der Mischungsregel die gesuchte Wahrscheinlichkeit, mit n Proben k mal Schrift zu werfen:

$$w = \left(\frac{1}{2}\right)^n \binom{n}{k}. \tag{12, 19}$$

Die abgeleitete Formel stimmt auch für den Fall $k = 0$; denn in den n Proben keinmal Schrift zu werfen, ist gleichbedeutend damit, daß alle n Proben Bild ergeben. Diese Wahrscheinlichkeit ist aber $\left(\frac{1}{2}\right)^n$; das gleiche Ergebnis liefert aber mit der getroffenen Festsetzung (12, 18) $\binom{n}{0} = 1$ die Formel (12, 19). Wir sehen also auch hier wieder, daß die getroffene Festsetzung für $\binom{n}{0}$ berechtigt ist.

12, **13.** Ebenso können wir nun entsprechende Formeln für den Fall ableiten, daß die Wahrscheinlichkeit des Einzelereignisses nicht gleich 1/2, sondern gleich p ist.

Es sei bei einem Versuch die Wahrscheinlichkeit für das Merkmal X gleich p. Nach einem früheren Satz ist die Wahrscheinlichkeit für das Nichtauftreten von X dann $q = 1 - p$. Wir berechnen nun die Wahrscheinlichkeit, bei diesem Versuch in einer Serie von n Proben genau k mal das Merkmal X zu erhalten. Dazu bestimmen wir wieder zuerst die Wahrscheinlichkeit, in den ersten k Proben das Merkmal X zu erhalten und dann nicht mehr. Nach dem Multiplikationstheorem ist diese Wahrscheinlichkeit

$$w = p^k(1 - p)^{n-k}.$$

Ebenso groß ist auch die Wahrscheinlichkeit, auf irgendeine andere Art k mal das Merkmal X zu erhalten. Die Wahrscheinlichkeit, auf irgendeine beliebige dieser Arten k mal Schrift zu erhalten, ist dann nach der Mischungsregel $U_k^{(n)}$mal so groß. Es ist also

$$W = p^k(1-p)^{n-k}\binom{n}{k}. \tag{12, 20}$$

Diese Formel stimmt auch für $k = 0$ und $k = n$, wie wir durch Einsetzen feststellen; denn für $k = 0$ erhalten wir richtig $(1-p)^n$ und für $k = n$, wie es sein muß, p^n.

12, 11. Mit Hilfe der Mischungsregel können wir dann noch kompliziertere Fälle auf den obigen zurückführen.

So ist z. B. der Fall, mit n Proben höchstens K mal X zu erhalten, auf die Mischung der folgenden Fälle zurückzuführen: nämlich 1. keinmal X; 2. einmal X; 3. ... Die Summe der dazugehörigen einzelnen Wahrscheinlichkeiten ergibt die gesuchte Wahrscheinlichkeit:

$$W = \sum_{k=0}^{k=K}\binom{n}{k}p^k(1-p)^{n-k} \tag{12, 21}$$

Entsprechend wird

$$W = \sum_{k=K}^{k=n}\binom{n}{k}p^k(1-p)^{n-k} \tag{12, 22}$$

die Wahrscheinlichkeit, mit n Proben mindestens K mal X zu erhalten.

Nach (12, 21) ist z. B. die Wahrscheinlichkeit, bei 7 Würfen mit einer symmetrischen Münze höchstens 3mal Schrift zu werfen,

$$\binom{7}{0}\left(\frac{1}{2}\right)^7 + \binom{7}{1}\left(\frac{1}{2}\right)^7 + \binom{7}{2}\left(\frac{1}{2}\right)^7 + \binom{7}{3}\left(\frac{1}{2}\right)^7$$

$$= \frac{1}{2^7}(1+7+21+35) = \frac{64}{128} = \frac{1}{2}.$$

Die Wahrscheinlichkeit, dabei mindestens 5mal Schrift zu werfen, ist nach (12, 22)

$$\binom{7}{5}\left(\frac{1}{2}\right)^7 + \binom{7}{6}\left(\frac{1}{2}\right)^7 + \binom{7}{7}\left(\frac{1}{2}\right)^7.$$

Das ist unter Benutzung von (12, 17)

$$\binom{7}{2}\left(\frac{1}{2}\right)^7 + \binom{7}{1}\left(\frac{1}{2}\right)^7 + \binom{7}{0}\left(\frac{1}{2}\right)^7 = \frac{1}{128}(21+7+1) = \frac{29}{128}.$$

IV. Kapitel.

Die mathematische Erwartung.

§ 13. Bewertung eines Merkmalsystems und die Erwartung.

13, 1. Oft ist es bei Glücksspielen der Fall, daß das Eintreffen der einzelnen Merkmale eines Merkmalsystems für uns von ganz verschiedenem Wert ist. Z. B. kann bei einem Würfelspiel verabredet sein, daß wir bei einem Wurf das Doppelte der geworfenen Augenzahl von der Bank erhalten. Bietet eine andere Bank bei gleichem Einsatz das Zehnfache der Augenzahl, so ist ohne weiteres klar, daß die zweite Vereinbarung für den Spieler günstiger ist.

Nicht immer aber liegen die Verhältnisse beim Vergleich verschiedener Vereinbarungen derart einfach wie hier in diesem Beispiel. Die Frage ist dann, wie wir von zwei gegebenen Bewertungen entscheiden können, welche die günstigere ist.

13, 2. Dazu greifen wir auf die bei der Einführung des Wahrscheinlichkeitsbegriffes geprägten Begriffe zurück. Bei jedem Ereignis E der betrachteten Ereignisfolge

(13, 1) $$F : E_1, E_2, E_3, \ldots$$

sei nunmehr also nach der getroffenen Vereinbarung von der Spielbank an den Spieler ein durch das gefallene Merkmal bestimmter Betrag zu zahlen. So ergibt sich neben F die Folge der gezahlten Beträge:

(13, 2) $$B_1, B_2, B_3, \ldots$$

Die Bank hat dann bis zum n-ten Ereignis den Gesamtbetrag

(13, 3) $$\beta_n = B_1 + B_2 + B_3 + \cdots B_n$$

gezahlt. Aus der getroffenen Vereinbarung und den absoluten Häufigkeiten der betrachteten Merkmale muß dieser Betrag β_n zu berechnen sein. In unserem ersten Beispiel wird beim Auftreten des Merkmals 1 der Betrag 2 gezahlt, insgesamt also bis zur Nummer n für das Auftreten des Merkmals 1 der Betrag $2 \cdot \alpha_n(1)$, worin $\alpha_n(1)$ wie immer die n-te absolute Häufigkeit für 1 bedeutet, also angibt, wie oft bis dahin das Merkmal 1 gefallen ist. Entsprechend ist für die anderen Merkmale bis zum n-ten Ereignis zu zahlen:

$$4\alpha_n(2),\ 6\alpha_n(3),\ 8\alpha_n(4),\ 10\alpha_n(5),\ 12\alpha_n(6)$$

oder allgemein

$$2k\alpha_n(k).$$

Insgesamt hat die Bank, da die einzelnen Augenzahlen sich ausschließen, die Summe aller dieser Beträge zu zahlen. Somit ist

$$\beta_n = \sum_{k=1}^{k=6} 2k\alpha_n(k) = 2\alpha_n(1) + 4\alpha_n(2) + 6\alpha_n(3) + 8\alpha_n(4) + 10\alpha_n(5) + 12\alpha_n(6).$$

Der auf das Einzelereignis entfallende Durchschnittsbetrag ist daher

$$(13,4)\qquad \frac{\beta_n}{n} = \sum_{k=1}^{k=6} 2k\frac{a_n(k)}{n} = 2\frac{a_n(1)}{n} + \dots + 12\frac{a_n(6)}{n}.$$

$$(13,5)\qquad \frac{\beta_n}{n} = \sum_{k=1}^{k=6} 2k\,\varrho_n(k) = 2\varrho_n(1) + \dots + 12\,\varrho_n(6).$$

Ebenso wie früher die relativen Häufigkeiten kein endgültiges Maß für die Häufigkeit des Auftretens eines Merkmals waren, so ist auch dieser Durchschnittsbetrag β_n/n noch kein endgültiges Maß dafür, welchen Betrag der Spieler für das einzelne Spiel erwarten kann; denn so wie die relativen Häufigkeiten ist auch der Durchschnittsbetrag β_n/n durchaus abhängig von der Zahl n der gemachten Spiele. Daher werden wir wie früher die Zahl n immer größer werden lassen und uns fragen, ob dabei der Durchschnittsbetrag nicht einem Grenzwert zustrebt. Wenn alle Merkmale eine Wahrscheinlickkeit haben, ist — auf Grund der Festsetzung des Begriffs der Wahrscheinlichkeit — der Grenzwert der relativen Häufigkeiten vorhanden. Damit existiert wegen der Beziehung (13, 5) nach den Sätzen des § 3 des ersten Kapitels auch der Grenzwert von β_n/n. Die Existenz der Wahrscheinlichkeiten ist aber durch die erste Hypothese gesichert; demnach ist auch der Grenzwert von β_n/n immer vorhanden. Dieser Grenzwert liefert uns ein vernünftiges Maß für den Betrag, den der Spieler als Gewinn für das einzelne Spiel erwarten kann. Wir nennen diesen Grenzwert daher die Erwartung des Spielers bei der getroffenen Vereinbarung und legen als Bezeichnung dafür den Buchstaben η fest Also

$$(13,6)\qquad \eta = \lim_{n\to\infty} \frac{\beta_n}{n}.$$

Die Größe η ist uns ein Maß dafür, wie günstig eine Vereinbarung ist und wir können damit die verschiedensten Vereinbarungen vergleichen.

13, 3. In unserem Beispiel wird:

$$\begin{aligned}\eta = \lim_{n\to\infty}\frac{\beta_n}{n} &= \lim_{n\to\infty}\sum_{k=1}^{k=6} 2k\,\varrho_n(k) = \lim_{n\to\infty}[2\varrho_n(1) + \dots + 12\,\varrho_n(6)]\\ &= 2\lim_{n\to\infty}\varrho_n(1) + \dots + 12\lim_{n\to\infty}\varrho_n(6)\\ &= 2\,w(1) + \dots + 12\,w(6)\\ &= \sum_{k=1}^{k=6} 2k\,w(k).\end{aligned}$$

Ist der Würfel symmetrisch, so folgt daraus weiter:

$$\eta = \frac{1}{6}(2+4+6+8+10+12) = 7.$$

Hätten wir an Stelle der bisherigen die andere Vereinbarung, daß für die Augenzahlen 1, 2, . . ., 6 die Beträge 3, 1, 4, 5, 7, 15 gezahlt werden, so wäre

$$\eta = \frac{1}{6}(3+1+4+5+7+15) = \frac{35}{6}.$$

Bei diesem Spiel ist also der zu erwartende Betrag kleiner, das Spiel ist ungünstiger für den Spieler.

13, 4. Um eine übersichtliche Darstellung des allgemeinen Sachverhalts zu erhalten, führen wir den Begriff der Bewertung eines vollständigen Systems von sich ausschließenden Merkmalen ein.

Festsetzung 13, 1. Es sei $X_1, \ldots, X_r$ ein vollständiges System von r sich ausschließenden Merkmalen und zu jedem dieser r Merkmale X_k sei eine Zahl gegeben, die wir mit $f(X_k)$ bezeichnen.

Wir sagen dann, das Merkmal X_k sei mit $f(X_k)$ bewertet, und nennen die Gesamtheit der Zahlen:

$$f(X_1),\ f(X_2), \ldots, f(X_r),$$

eine **Bewertung des Merkmalsystems** $X_1, \ldots, X_r$.

Um eine anschauliche Vorstellung von diesem Begriff der Bewertung zu haben, denken wir uns etwa die Merkmale $X_1, \ldots, X_r$ als Merkmale eines Glücksspieles und verstehen unter den Zahlen $f(X_1), \ldots, f(X_r)$ die Beträge, die der Spieler erhält bzw. zu zahlen hat, falls das betreffende der Merkmale $X_1, \ldots, X_r$ fällt. Wir rechnen dabei die Beträge, die der Spieler erhält, positiv, und die, die er zahlen muß, negativ. Unter den $f(X_k)$ müssen wir also Zahlen verstehen, die mit einem Vorzeichen versehen sind, wobei das Vorzeichen vom Spieler aus gesehen wird. Ist eine der Zahlen $f(X_1), \ldots, f(X_r)$ Null, so heißt das eben, daß nichts gezahlt wird, weder vom Spieler etwas noch von der Gegenpartei.

13, 5. Es fragt sich nun wieder, wie wir durch eine Zahl angeben können, ob eine solche Bewertung für den Spieler günstig oder ungünstig ist. Dazu gehen wir jetzt im allgemeinen Falle ebenso vor wie in dem vorhin betrachteten Beispiel.

Nach den ersten n Ereignissen sind in die Kasse des Spielers die folgenden, also gegebenenfalls auch negativen Beträge gekommen:

1) $f(X_1)$ so oft, wie bis zur Nummer n das Merkmal X_1 gekommen ist, also $a_n(X_1)$ mal,

2) $f(X_2)$ so oft, wie bis zur Nummer n das Merkmal X_2 gekommen ist, also $a_n(X_2)$ mal,

⋮

r) $f(X_r)$ so oft, wie bis zur Nummer n das Merkmal X_r gekommen ist, also $a_n(X_r)$ mal.

Der Spieler hat danach bis zum n-ten Spiel einschließlich insgesamt den, unter Umständen negativen Betrag:

$$\beta_n = f(X_1)\,a_n(X_1) + \ldots + f(X_r)\,a_n(X_r) \tag{13, 7}$$

erhalten, oder als Durchschnittsbetrag für das einzelne Spiel

$$\frac{\beta_n}{n} = f(X_1)\frac{a_n(X_1)}{n} + \cdots + f(X_r)\frac{a_n(X_r)}{n}$$

oder

$$\frac{\beta_n}{n} = f(X_1)\,\varrho_n(X_1) + \cdots + f(X_r)\,\varrho_n(X_r), \tag{13, 8}$$

wo die ϱ_n wieder die n-ten relativen Häufigkeiten von $X_1, \ldots, X_r$ bedeuten.

13, 6. Nach den Sätzen des § 3 des ersten Kapitels ist dann mit den Grenzwerten der relativen Häufigkeiten, also mit der Existenz der Wahrscheinlichkeiten $w(X_1), \ldots, w(X_r)$ auch der Grenzwert η des Durchschnittsbetrages $\frac{\beta_n}{n}$ vorhanden.

Festsetzung 13, 2. Unter der **Erwartung** η eines Spielers für eine gegebene Bewertung eines Spiels verstehen wir allgemein den Grenzwert des Durchschnittsbetrages bei dieser Bewertung.

Nach den vorangegangenen Betrachtungen gilt dann der

Satz 13, 1. Die Erwartung η, die zu einer gegebenen Bewertung $f(X_1), \ldots, f(X_r)$ eines Merkmalsystems $X_1, \ldots, X_r$ gehört, ist

$$\eta = f(X_1)\,w(X_1) + \cdots + f(X_r)\,w(X_r). \tag{13, 9}$$

Die Erwartung hängt also einmal ab von den Wahrscheinlichkeiten, dann natürlich von der Bewertung der Merkmale des betrachteten Merkmalsystems.

Ist z. B. speziell für alle Merkmale der Betrag $f(X_k)$ ein und derselbe, also $f(X_1) = \cdots = f(X_r) = f$, so erhält der Spieler in jedem Falle denselben Betrag; es wird

$$\eta = f \tag{13, 10}$$

weil wegen der Vollständigkeit des Merkmalsystems die Summe aller Wahrscheinlichkeiten gleich Eins ist.

13, 7. Wollen wir uns eine anschauliche Vorstellung von der Größe η machen, so brauchen wir uns nur an die Bedeutung des Grenzwertbegriffs zu erinnern.

Danach liegen von einer Stelle n ab alle späteren Durchschnittsbeträge zwischen $\eta - {}^1/_{10}$ und $\eta + {}^1/_{10}$, von einer weiteren Stelle ab zwischen $\eta - {}^1/_{100}$ und $\eta + {}^1/_{100}$. Wenn wir also lange genug spielen, so wird der Durchschnittsbetrag jede vorgeschriebene Annäherung an η erreichen.

Für die gezählten Gesamtbeträge β_n heißt das nach den Überlegungen im § 4, daß diese relativ zu n in der Nähe von $n\eta$ liegen. Falls wir lange genug spielen, ist also bis auf einen Fehler, der relativ zu n klein ist, $\beta_n = n\eta$.

13, 8. Bewerten wir das eine Merkmal X_1 eines vollständigen Systems von zwei sich ausschließenden Merkmalen X_1 und X_2 mit 1, das andere mit 0, so ist

$$\eta = f(X_1)\;w(X_1) + f(X_2)\;w(X_2) = 1\cdot p + 0\cdot q = p$$

wenn wir wieder $w(X_1) = p$, $w(X_2) = q$ setzen.

In dieser Weise können wir nachträglich auch die Wahrscheinlichkeit als einen Spezialfall des Begriffs der Erwartung auffassen.

13, 9. Nun wenden wir uns wieder der Frage zu, wie wir mit Hilfe der Größe η eine Entscheidung darüber treffen können, ob das Spiel für den Spieler günstig oder ungünstig ist.

Wir behaupten folgendes:

Satz 13, 2.

1) Ist die Erwartung η positiv, so ist der Spieler von einer Stelle an dauernd im Gewinn, und zwar beliebig hoch,

2) ist die Erwartung η negativ, so ist der Spieler von einer Stelle an dauernd im Verlust, und zwar beliebig hoch,

3) ist die Erwartung η gleich Null, so gewinnt und verliert der Spieler relativ zu n nicht.

Wir bemerken hier gleich, daß das letztere — wie wir uns schon früher in ähnlichen Fällen überlegt haben — durchaus die Möglichkeit in sich schließt, daß der Spieler absolut genommen doch noch viel gewinnt oder verliert. Es wird nämlich nicht β_n selbst, sondern nur der Quotient β_n/n schließlich beliebig klein.

Die erste Behauptung unseres Satzes ist nicht schwer nachzuweisen; denn wenn wir nur lange genug spielen, so wird der Durchschnittsbetrag schließlich so wenig von η verschieden sein, daß er mit η von da ab sicher positiv ist. Der Spieler hat daher im Durchschnitt einen Betrag der Größe η gewonnen, also insgesamt einen Betrag, der relativ zu n in der Nähe von $n \cdot \eta$ liegt. Wenn er lange genug spielt, muß er dann jeden Betrag gewinnen. Entsprechendes gilt für den Fall $\eta < 0$. Es bleibt also nur noch der Fall $\eta = 0$ zu besprechen. Dann liegt von einer Stelle an der Durchschnittsbetrag zwischen $-1/_{10}$ und $+1/_{10}$, von einer weiteren Stelle ab zwischen $-1/_{100}$ und $+1/_{100}$, ... usw. Im Durchschnitt gewinnt und verliert der Spieler bei hinreichend langem Spielen beliebig wenig; denn β_n/n sinkt ja mit wachsendem n schließlich unter jede noch so kleine Größe. Trotzdem kann er absolut genommen noch viel gewinnen oder verlieren; denn die Gesamtbeträge liegen dann zwischen $-1/_{10}\,n$ und $+1/_{10}\,n$, $-1/_{100}\,n$ und $+1/_{100}\,n$, ... und diese können, wenn die obigen Bedingungen erst spät erfüllt werden, also bei großem n, durchaus groß sein.

13, 10. Danach können wir mit Recht behaupten:

Satz 13, 3. Ein Spiel ist für

$$\begin{aligned} \eta &> 0 \text{ günstig} \\ \eta &= 0 \text{ gerecht} \\ \eta &< 0 \text{ ungünstig} \end{aligned} \qquad (13, 11)$$

für den Spieler.

§ 14. Einsatz und Prämie.

14, 1. Meist hat der Spieler vor jedem Spiel an die Bank einen Einsatz z zu zahlen und erhält beim Auftreten des Merkmals X_k von der Bank den Betrag $f(X_k)$, der dann positiv oder Null ist.

Unter Berücksichtigung dessen ist für den Spieler die Bewertung des Merkmalsystems $X_1, \ldots, X_r$ nicht mehr $f(X_1), \ldots, f(X_r)$ sondern

$$f(X_1) - z, \ldots, f(X_r) - z. \tag{14, 1}$$

Als Erwartung für den Spieler ergibt sich daraus

$$\eta = (f(X_1) - z)\, w(X_1) + \cdots + (f(X_r) - z)\, w(X_r)$$
$$= f(X_1)\, w(X_1) + \cdots + f(X_r)\, w(X_r) - z\, [w(X_1) + \cdots + w(X_r)].$$

Also ist

$$\eta = [f(X_1)\, w(X_1) + \cdots + f(X_r)\, w(X_r)] - z, \tag{14, 2}$$

da die Summe der Wahrscheinlichkeiten aller Merkmale wegen der Vollständigkeit des Merkmalsystems gleich eins ist. Da der erste Ausdruck in der letzten Zeile nichts anderes ist als die Erwartung η des Spielers, wenn er keinen Einsatz zu zahlen hat, besagt diese letzte Formel:

Satz 14, 1. Für ein vollständiges System sich ausschließender Merkmale $X_1, \ldots, X_r$ bei der Bewertung $f(X_1), \ldots, f(X_r)$ (ohne Einsatz) und dem Einsatz z des Spielers ist die Erwartung

$$\eta_{\text{mit Einsatz}} = \eta_{\text{ohne Einsatz}} - z. \tag{14, 3}$$

Soll das Spiel gerecht sein, so muß η mit Einsatz $= 0$ sein; also gilt

Satz 14, 2. Für ein gerechtes Spiel ist der Einsatz gleich der Erwartung des Spielers

$$z_{\text{gerecht}} = \eta_{\text{ohne Einsatz}} \tag{14, 4}$$

Bietet also eine Spielbank beim Würfeln das Doppelte der gefallenen Augenzahl, so ist der gerechte Einsatz des Spielers nach (14, 4) und Absatz 3 dieses Paragraphen gleich 7.

14, 2. Häufig beteiligt sich ein Spieler nun auf mehrere Arten gleichzeitig an einem Spiel, so wie man es etwa von Roulettespielen her kennt. Für den Spieler bestehen dann verschiedene Bewertungen dieses Spieles nebeneinander. Auf Grund jeder einzelnen dieser Bewertungen erhält der Spieler auf die Merkmale

$$\begin{array}{ccc} X_1 & X_2 \ldots & X_r \\ f(X_1) & f(X_2) \ldots & f(X_r) \\ g(X_1) & g(X_2) \ldots & g(X_r) \\ \vdots & & \\ h(X_1) & h(X_2) \ldots & h(X_r). \end{array}$$

der Reihe nach die Beträge

Falls er sich, wie wir vorausgesetzt haben, gleichzeitig an allen diesen bestehenden Bewertungen des Spieles beteiligt, erhält er selbstverständlich insgesamt als Bewertung des betrachteten Merkmalsystems

$$f(X_1) + g(X_1) + \cdots + h(X_1), \ldots, f(X_r) + g(X_r) + \cdots + h(X_r).$$

Zu dieser Bewertung ergibt sich als Erwartung nach der Formel (13, 9):

$$\eta = [f(X_1) + g(X_1) + \cdots + h(X_1)]\, w(X_1) + \cdots$$
$$\cdots + [f(X_r) + g(X_r) + \cdots + h(X_r)]\, w(X_r)$$

d. h.

$$\begin{aligned}\eta = \;& f(X_1)\,w(X_1) + \cdots + f(X_r)\,w(X_r)\\ &+ g(X_1)\,w(X_1) + \cdots + g(X_r)\,w(X_r)\\ &\;\vdots\\ &+ h(X_1)\,w(X_1) + \cdots + h(X_r)\,w(X_r)\end{aligned}$$

oder

$$\eta = \eta_f + \eta_g + \cdots + \eta_h.$$

Satz 14, 3. Für mehrere gleichzeitig bestehende Bewertungen $f, g, \ldots, h$ eines Spieles ist die Erwartung $\eta_{f+g+\cdots+h}$ des Spielers gleich der Summe der Erwartungen zu den einzelnen Bewertungen, also

$$(14,\ 5)\qquad \eta_{f+g+\cdots+h} = \eta_f + \eta_g + \cdots + \eta_h.$$

Auf diese Betrachtungen können wir auch den im Absatz 1 dieses Paragraphen behandelten Fall des Spieleinsatzes zurückführen. Für den Spieler bestehen dann gewissermaßen zwei Verträge; nach dem ersten erfährt das Spiel die Bewertung $f(X_1), \ldots, f(X_r)$, nach dem zweiten die Bewertung $g(X_1), \ldots, g(X_r)$, wobei alle $g(X_k) = -z$. Also ist, wie wir vorhin zeigten, $\eta_{\text{mit Einsatz}} = \eta_f + \eta_g = \eta_{\text{ohne Einsatz}} - z$, da nach (13, 9) $\eta_g = -z$.

14, 3. Spielen mehrere Spieler gegeneinander, so muß — wie man sofort sieht — zwischen den Erwartungen $\eta_f, \eta_g, \ldots, \eta_h$ der einzelnen Spieler die Beziehung bestehen:

$$(14,\ 6)\qquad \eta_f + \eta_g + \cdots + \eta_h = 0,$$

denn es muß, da außer den teilnehmenden Spielern niemand etwas zahlt, schon bei jedem Merkmal X_k die Summe aller gezahlten Beträge Null sein:

$$(14,\ 7)\qquad f(X_k) + g(X_k) + \cdots + h(X_k) = 0,$$

daraus folgt aber mit Rücksicht auf die Definition der Erwartung (13, 9) unmittelbar die Behauptung (14, 6)

Insbesondere ist daher für den Fall, daß gerade zwei Spieler — mit den Erwartungen η_{I} und η_{II} — gegeneinander spielen

$$(14,\ 8)\qquad \eta_{\text{I}} = -\eta_{\text{II}}.$$

§ 15. Beispiele und Anwendungen.

15, 1. Zwei Spieler spielen mit symmetrischen Münzen gleichen Wertes folgendes Spiel. Der erste Spieler wirft drei Münzen, der zweite zwei Münzen, und gewonnen hat der erste Spieler genau dann, wenn er mehr Bilder hat als der zweite. Er verliert also dann, wenn er weniger oder aber ebensoviel Bilder geworfen hat wie der zweite Spieler. Der Gewinner steckt alle fünf Münzen ein. Wir fragen uns nun, für welchen der beiden Spieler das Spiel günstig ist. So ohne weiteres ist diese Frage natürlich nicht zu beantworten, sondern wir müssen dazu einmal die Gewinn- und Verlustwahrscheinlichkeit und dann die Bewertung des Spiels für den ersten Spieler untersuchen. Zuerst überlegen wir uns dazu, in welchen Fällen der erste Spieler gewinnt. Wir schreiben uns dazu die sämtlichen in Betracht kommenden Möglichkeiten in der folgenden Übersicht zusammen:

	Zahl der Bilder	
	Spieler I	Spieler II
Fall 1	3	2
Fall 2	3	1
Fall 3	3	0
Fall 4	2	1
Fall 5	2	0
Fall 6	1	0

Genau in diesen 6 Fällen, die einander sicher ausschließen, gewinnt der erste Spieler. Die Summe der Wahrscheinlichkeiten dieser 6 Fälle ist daher die Gewinnwahrscheinlichkeit des ersten Spielers. Für die einzelnen Wahrscheinlichkeiten ergeben sich dabei nach den Überlegungen des dritten Kapitels die folgenden Werte:

$$w(F_1) = \left(\frac{1}{2}\right)^5 \binom{3}{3} \binom{2}{2} = \frac{1}{32} \cdot 1 \cdot 1 = \frac{1}{32}$$

$$w(F_2) = \left(\frac{1}{2}\right)^5 \binom{3}{3} \binom{2}{1} = \frac{1}{32} \cdot 1 \cdot 2 = \frac{2}{32}$$

$$w(F_3) = \left(\frac{1}{2}\right)^5 \binom{3}{3} \binom{2}{0} = \frac{1}{32} \cdot 1 \cdot 1 = \frac{1}{32}$$

$$w(F_4) = \left(\frac{1}{2}\right)^5 \binom{3}{2} \binom{2}{1} = \frac{1}{32} \cdot 3 \cdot 2 = \frac{6}{32}$$

$$w(F_5) = \left(\frac{1}{2}\right)^5 \binom{3}{2} \binom{2}{0} = \frac{1}{32} \cdot 3 \cdot 1 = \frac{3}{32}$$

$$w(F_6) = \left(\frac{1}{2}\right)^5 \binom{3}{1} \binom{2}{0} = \frac{1}{32} \cdot 3 \cdot 1 = \frac{3}{32}.$$

Also ist die Gewinnwahrscheinlichkeit $w(\mathrm{I})$ für den ersten Spieler:

$$w(\mathrm{I}) = \frac{1+2+1+6+3+3}{32} = \frac{1}{2}.$$

Da entweder I oder II gewinnt, ist die Gewinnwahrscheinlichkeit des zweiten Spielers ebenfalls $1/2$. Trotzdem ist das Spiel für den Spieler I deshalb ungünstig, weil er bei einem Gewinnspiel weniger gewinnt als er bei einem Verlustspiel verliert. Berechnen wir die Erwartung η_{I}, so zeigt sich das wieder darin, daß $\eta_{\mathrm{I}} < 0$ ist. Es ist nämlich:

$$\eta_{\mathrm{I}} = 2 \cdot \frac{1}{2} - 3 \cdot \frac{1}{2} = -\frac{1}{2}$$

weil doch der erste Spieler bei einem Gewinnspiel den Betrag 2 gewinnt, dagegen bei einem Verlustspiel den Betrag 3 verliert. Nach der Bemerkung zum Schluß des vorigen Paragraphen ist dann

$$\eta_{\mathrm{II}} = -\eta_{\mathrm{I}} = \frac{1}{2}.$$

Somit ist das Spiel für den ersten Spieler ungünstig, für den zweiten günstig.

15, 2. Auch die Frage der Prämienberechnung bei Versicherungen ist mit dem Begriff der Erwartung prinzipiell zu lösen. Die Prämie, die der Versicherte zu zahlen hat, muß seiner Erwartung ohne Berücksichtigung des Einsatzes, d. h. dem von der Versicherungsgesellschaft getragenen „Risiko" gleich sein.

15, 3. Nehmen wir z. B. die Wahrscheinlichkeit für den Verlust eines Schiffes mit $^1/_{1000}$ an, so hat der Schiffseigner, der dieses Schiff mit 1 000 000 versichern will, die folgende Prämie P zu zahlen:

$$P = \eta_{\text{ohne Einsatz}} = {}^{999}/_{1000} \cdot 0 + {}^1/_{1000} \cdot 1\,000\,000.$$

Also $$P = 1000,$$

denn der Schiffseigner erhält, falls das Schiff nicht verloren geht, nichts und im anderen Falle den Betrag 1 000 000.

Der Fall der Prämienberechnung bei Lebensversicherungen liegt im Prinzip genau so, nur insofern ein klein wenig anders, als bei Berechnung der Erwartung der Zeitpunkt der zu leistenden Zahlungen zu beachten ist. Daher gehen neben den Wahrscheinlichkeiten für die einzelnen eintretenden Versicherungsfälle nicht direkt die vereinbarten Zahlungen, sondern deren Barwerte ein.

15, 4. Zum Schluß dieses Kapitels beschäftigen wir uns nun noch als Beispiel mit einem der bekanntesten Glücksspiele, dem Roulette.

Bei diesem Spiel sind die auftretenden Merkmale die 37 Nummern von 0, 1, 2, . . ., 36. Von diesen hat die Null keine Farbe, während die übrigen zu 18 rot und zu 18 schwarz sind. Wir setzen voraus, daß das Roulette symmetrisch ist, daß also alle 37 Nummern als physikalisch symmetrisch anzusehen sind. Die Wahrscheinlichkeit für das Auftreten einer bestimmten Nummer n ist daher $w(n) = {}^1/_{37}$.

Nach den Spielregeln kann der Spieler auf eine dieser 37 Nummern den Betrag E setzen. Kommt dann seine, von ihm gesetzte Nummer, so erhält er von der Bank den 35fachen Einsatz und dazu seinen Einsatz zurück. Kommt die gesetzte Nummer aber nicht, so verliert er seinen Einsatz. Wie groß ist nun die Erwartung η des Spielers bei dieser Spielweise. Offenbar ist:

$$\eta_{\text{Spieler}} = 35\,E\,\frac{1}{37} - E\,\frac{36}{37} = -\frac{1}{37}\,E.$$

Daraus folgt, daß der Spieler auf die Dauer verliert, und zwar hat er bei langem Spielen mit dem Einsatz E schließlich bis auf einen relativ zu n kleinen Fehler den Betrag $n \cdot E\,\frac{1}{37}$ verloren.

Der Spieler kann auch auf andere Arten setzen. Er kann z. B. auf Schwarz den Betrag E setzen. Dann erhält er von der Bank, falls Schwarz fällt, den Betrag E und seinen Einsatz zurück, falls aber Schwarz nicht kommt, d. h. also falls Rot oder Null kommt, verliert er den Einsatz. Jetzt ist

$$\eta = w\ (\text{schwarz}) \cdot E - w\ (\text{nicht schwarz}) \cdot E$$

$$\eta = 1 \cdot \frac{18}{37}\,E - \frac{19}{37}\,E.$$

Also ist wieder

$$\eta = -{}^1/_{37} \cdot E$$

wie vorhin.

Ebenso ist bei allen anderen Möglichkeiten, auf die nach den Spielregeln gesetzt werden kann, die Erwartung $\eta = -{}^1/_{37} \cdot E$. Die im vorigen Paragraphen abgeleitete Beziehung (14, 5) zeigt dann, daß auch die Kombination der verschiedenen Möglichkeiten bei gleichzeitigem Setzen auf mehr als eine Art die Erwartung η des Spielers nicht verbessern kann. Es wird danach vielmehr

$$\eta = -{}^1/_{37} \cdot [E_1 + E_2 + \ldots + E_k]$$
$$\eta = -{}^1/_{37} \cdot E,$$

wenn wir mit E den Gesamteinsatz bezeichnen, also die Summe der k Einzeleinsätze, die der Spieler durch Kombination von k Spielmöglichkeiten setzt. Ein auf solche Kombinationen aufgebautes Spielsystem bringt also keine Verbesserung der Gewinnaussichten.

15, 5. Andere Spielsysteme versuchen auf andere Art die Gewinnaussichten zu verbessern. Sie gehen von der Überlegung aus, daß selten viermal Schwarz hintereinander kommt. Daher wollen sie so vorgehen, daß sie abwarten, bis dreimal hintereinander Schwarz gekommen ist, und setzen dann auf Rot. Auf diese Weise glauben sie zu gewinnen. Nun werden wir jedenfalls mit Recht der Überzeugung sein, daß die Drehungen des Roulettes voneinander unabhängig sind. Dann ist aber nach unserem früher festgelegten und als vernünftig angesehenen Unabhängigkeitsbegriff die nachträgliche Wahrscheinlichkeit für Rot, nachdem dreimal Schwarz gefallen ist, noch immer gleich der ursprünglichen. Wir können also auch auf diese Weise nichts gewinnen; es ist zwar die Wahrscheinlichkeit für eine Serie von viermal Schwarz sehr klein, aber genau ebenso klein ist auch die Wahrscheinlichkeit dafür, daß in einer Serie dreimal Schwarz und danach beim viertenmal Rot kommt. Wegen der Unabhängigkeit ist eben die Wahrscheinlichkeit, daß nach einer Serie von drei schwarzen Nummern eine rote kommt, ebenso groß wie die, daß eine schwarze kommt.

15, 6. Ein anderes Prinzip, nach dem gespielt wird, ist das der gesteigerten Einsätze. Wir setzen auf Rot den Betrag 1. Kommt dann Rot, so gewinnen wir 1 und u n s e r Spiel ist zu Ende. Wir können dann ein neues Spiel beginnen. Kommt aber nicht Rot, so verlieren wir den Betrag 1. Dann setzen wir weiter auf Rot, und zwar setzen wir jetzt den bis dahin verlorenen Betrag, das ist Eins, und noch Eins dazu. Insgesamt setzen wir also den Betrag $1 + 1 = 2$. Gewinnen wir dann, so haben wir den Verlust wieder eingeholt und noch 1 dazu gewonnen. Verlieren wir aber, so setzen wir wieder den bis dahin insgesamt verlorenen Betrag und 1 dazu, also 4. So lange nicht Rot gekommen ist, steigern wir in dieser Weise von Spiel zu Spiel den Einsatz. Wir müssen dann beim n-ten Mal die Summe der $n - 1$ ersten Potenzen von 2 und 1 dazu setzen, also $2^0 + 2^1 \ldots + 2^{n-2} + 1$. Das ist aber — wie die Mathematiker leicht ableiten — nach der Summenformel der geometrischen Reihe, die sich wohl auch in den meisten Schulbüchern findet, $\frac{2^{n-1}-1}{1}+1=2^{n-1}$.

Fällt aber einmal Rot, so haben wir 1 gewonnen und beendigen unser Spiel. Um weitere Gewinne zu erzielen, spielen wir dann nach dem gleichen Verfahren von neuem.

15, 7. Der Spieler kann dieses Verfahren der Steigerung der Einsätze natürlich nur so lange fortsetzen, als sein Vermögen dazu reicht. Er braucht bei seiner Spielweise für eine Serie von n Einzelspielen insgesamt den folgenden Betrag:

$$2^0+2^1+\cdots+2^{n-1}=2^n-1.$$

Wenn er also 10mal hintereinander nach dem Verfahren der gesteigerten Einsätze setzen will, so braucht er insgesamt den Betrag $2^{10}-1=1023$. Hat er nicht mehr, so kann er ein 11. Mal nicht mehr setzen. Kommt also 10mal hintereinander „nicht Rot", so ist er bankrott. Kommt aber bis zum 10. Spiel einschließlich Rot, so hat er den Betrag 1 gewonnen.

15, 8. Wir wollen uns nun einmal überlegen, ob ein Spieler mit dieser Spielweise lange spielen kann, ohne bankrott zu werden oder nicht. Um diese Berechnungen zu vereinfachen, nehmen wir an, daß die Nummer Null nicht gespielt wird. Dann wird die Wahrscheinlichkeit des Auftretens von Rot ebenso wie die von Schwarz gleich $1/2$, und das Spiel ist für den Spieler gerecht; denn jetzt wird $\eta=\frac{1}{2}E-\frac{1}{2}E=0$. Ferner nehmen wir an, daß der Spieler immer in Serien von je 10 Spielen spielt. Kommt dann in einer solchen Serie einmal Rot, so gewinnt er 1 und spielt dann bis zum Ende der Serie nicht mehr. Wir machen diese Annahme nur, um den Verlauf des Spiels einfacher beschreiben zu können. Kommt aber in einer Serie 10mal hintereinander Schwarz, so hat der Spieler seine 1023 Einsatz, die er bis dahin gesetzt hat, verloren und ist bankrott, wenn wir zur Vereinfachung der Betrachtung noch annehmen, daß er seinen Gewinn verbrauchen muß, um davon zu leben.

Die Wahrscheinlichkeit dafür, daß in einer Serie von 10 Spielen keinmal Rot kommt, ist

$$p=\left(\frac{1}{2}\right)^{10}={}^1/_{1024}.$$

Also ist die Wahrscheinlichkeit dafür, daß mindestens einmal Rot gefallen ist, also die Gewinnwahrscheinlichkeit des Spielers

$$q=1-p={}^{1023}/_{1024}.$$

Die Erwartung η des Spielers ist

$$\eta=1\cdot\frac{1023}{1024}-1023\cdot\frac{1}{1024}=0.$$

Wir sehen also, daß auch bei dieser Spielweise daran, daß die Erwartung des Spielers beim Einzelspiel Null war, nichts geändert worden ist.

Wenn der Spieler das Spiel lange spielen will, so muß er in einer langen Reihe von Serien zu je 10 Würfen jedesmal gewinnen. Die Wahrscheinlichkeit, in einer Reihe von n solchen Serien jedesmal zu gewinnen, ist aber

$$\left(\frac{1023}{1024}\right)^n.$$

Mit wachsendem n wird diese Wahrscheinlichkeit immer kleiner oder anders ausgedrückt, die Wahrscheinlichkeit, bankrott zu machen, wird um so größer, je länger der Spieler spielt. Wir können n nun so bestimmen, daß es gerade noch weniger wahrscheinlich ist, daß der Spieler bankrott gemacht hat, wie, daß er bis dahin jedesmal gewonnen hat. Es muß dann gerade schon

$$\left(\frac{1023}{1024}\right)^n \geqq {}^1/_2$$

sein, oder noch gerade

$$\left(\frac{1024}{1023}\right)^n \leqq 2$$

d. h.

$$n\,(\log 1024 - \log 1023) \leqq \log 2.$$

Das liefert eine bestimmte Zahl n, welche, wie eine grobe Rechnung zeigt, in der Nähe von 720 liegt.

Bei einer bestimmten Anzahl von Umdrehungen, die bei 7200 liegt, ist es also gerade noch wahrscheinlicher, daß der Spieler gewonnen hat, als daß er bankrott ist. Für jede größere Zahl von Umdrehungen ist es dann also wahrscheinlicher, daß er bankrott ist.

V. Kapitel.

Mittelwert, Streuung und Gesetz der großen Zahlen.

§ 16. Der Mittelwert.

16, 1. Will ein Physiker ein physikalisches Gesetz feststellen oder bestätigen, so wird er sich im allgemeinen nicht auf einen einzigen Versuch beschränken. Die immer vorhandenen Fehlerquellen zwingen ihn vielmehr, seine Versuche oder Versuchsreihen mehrfach zu wiederholen, um zufällige Abweichungen erkennen und ausschalten zu können. Das Ergebnis eines solchen Versuchs besteht meist in einer Zahlenangabe, mit der der Physiker natürlich eine ganz bestimmte physikalische Bedeutung verbindet. Nun wird sich bei den verschiedenen Einzelmessungen, die der Physiker auf Grund seiner Versuchsvorschrift ausführt, nicht immer dasselbe Meßergebnis bzw. die gleiche Reihe von Meßergebnissen einstellen, sondern durch eintretende „Fehler" werden sich dabei verschiedene Meßergebnisse ergeben.

Es gilt dann, die Ergebnisse aller bis dahin gemachten Versuche in einem Endergebnis zusammenzufassen. Sind alle Messungen nach derselben Versuchsvorschrift in der gleichen Art und mit der gleichen Sorgfalt durchgeführt worden, so besteht kein Grund, irgendeinen der bei den Einzelversuchen erhaltenen Werte vor den anderen zu bevorzugen. Der Physiker bildet in diesem Falle aus allen gefundenen Werten den Durchschnittswert. Er sagt dann: Auf Grund des angewandten Meßverfahrens hat sich für die zu bestimmende Größe im Mittel dieser Wert ergeben.

Nun fragt sich, mit welchem Recht und in welchem Sinne behauptet werden kann, das gebildete Mittel gebe den Sachverhalt besser wieder als eine Einzelmessung bzw. ein Durchschnittswert aus vielen Messungen sei sicherer als ein solcher aus wenigen. Ebenso wird man bei der Methode, welche in der Statistik als repräsentatives Verfahren bezeichnet wird, fragen, warum und wie weit aus einer großen Zahl untersuchter Einzelfälle mit größerer Sicherheit auf die Gesamtheit geschlossen werden kann als aus einer kleinen Zahl von Einzelfällen. Mit diesen Fragen werden wir uns nun zu beschäftigen haben.

16, 2. Unter einer Messung verstehen wir in Zukunft immer einen Versuch, dessen Ergebnis mit einer Zahlenangabe festgelegt wird. Danach fällt der Begriff der Messung vollständig unter den des Versuchs, so wie wir ihn bis jetzt benutzt haben; nur die Merkmale sind nicht irgendwie qualitativer Art, sondern das Ergebnis des Versuchs ist eben eine Zahl.

Da jede Messung doch nur mit einer begrenzten Genauigkeit auszuführen ist und da zudem die Meßergebnisse immer innerhalb bestimmter Grenzen liegen werden, können wir — ohne Einschränkung der praktischen Anwendbarkeit unserer Überlegungen — annehmen, daß sich als Ergebnisse der auf Grund einer bestimmten Meßvorschrift wiederholten Messungen nur eine endliche Anzahl bestimmter, untereinander verschiedener Zahlen ergeben kann[1]).

Wir setzen daher fest:

Festsetzung 16, 1. Unter einer **Messung der Größe** x, $\mathfrak{M}(x)$[2]), verstehen wir einen Versuch, dessen Merkmale ein vollständiges System von endlich vielen verschiedenen, sich ausschließenden Zahlen $x_1, \ldots, x_r$ bilden.

Zum Unterschied vom allgemeinen Fall des Versuchs bezeichnen wir die als Merkmale einer Messung sich ergebenden Zahlen nicht durch große, sondern durch kleine lateinische Buchstaben.

16, 3. Wiederholen wir nun auf Grund irgendeiner derartigen Meßvorschrift eine Messung mehrmals, so erhalten wir eine Reihe

$$E_1, E_2, E_3, \ldots, E_n$$

von Messungen mit den Ergebnissen:

$$x_{k_1}, x_{k_2}, x_{k_3}, \ldots, x_{k_n},$$

wobei die x_{k_i} irgendwelche der in Frage kommenden Meßwerte $x_1 \ldots x_r$ sind.

Können wir alle Einzelmessungen der Meßreihe als gleichberechtigt ansehen, so werden wir das Ergebnis unserer Messungen im Mittel μ_n aller n gefundenen Meßwerte zusammenfassen. Bezeichnen wir die Summe der n ersten Meßergebnisse mit β_n so ergibt sich

$$\beta_n = x_{k_1} + \ldots + x_{k_n}$$

und wir erhalten als n-ten Durchschnittswert

$$\mu_n = \frac{\beta_n}{n} = \frac{x_{k_1} + \ldots + x_{k_n}}{n}. \qquad (16, 1)$$

Fragen wir nach dem Sinn dieser Mittelbildung, so hält es schwer, darauf sofort eine präzise Antwort zu geben. Keinesfalls wird dieses arithmetische Mittel schon als endgültiges durchschnittliches Meßergebnis angesehen werden können, denn μ_n wird sich so wie früher ϱ_n mit wachsendem n immer wieder ändern. Der Physiker wird aber der Überzeugung sein, daß das gewonnene Durchschnittsergebnis keine wesentlichen Änderungen mehr erfährt, wenn nur der Durchschnittswert aus einer schon hinreichend großen Zahl von Einzelmessungen genommen worden ist. Er wird also mindestens erwarten, daß der Grenzwert des Durchschnittsbetrages, also

$$\lim_{n \to \infty} \mu_n = \mu$$

vorhanden ist. Ist diese Erwartung zu begründen?

---

[1]) S. Anhang, Teil 6.

[2]) Messungen, bei denen gleichzeitig mehrere Größen gemessen werden, werden wir später auch gelegentlich betrachten und dann entsprechend durch $\mathfrak{M}(x; y)$ usw. bezeichnen.

16, 4. In der Tat können wir auf Grund der im II. Kapitel ausgesprochenen Hypothesen sofort und ohne jede Mühe zeigen, daß dieser Grenzwert wirklich vorhanden ist. Wir brauchen dazu an dieser Stelle auch keine neuen Erfahrungstatsachen mehr heranzuziehen, sondern es genügen die, die in den Hypothesen des II. Kapitels enthalten sind. Anderseits ist es selbstverständlich unmöglich, den Beweis unserer Behauptung, die doch eine Aussage über den Ausfall physikalischer Experimente darstellt, ohne derartige, der Erfahrung entnommene Hypothesen zu führen. Was wir also jetzt leicht zeigen, ist genau, daß wir mit den schon früher in den Hypothesen des II. Kapitels als richtig unterstellten Erfahrungstatsachen für den Beweis unserer Behauptung auskommen.

16, 5. Wir stellen uns also vor, ein physikalisches Experiment werde beliebig oft wiederholt. Wie schon oben bemerkt, können wir ohne Einschränkung der Anwendbarkeit unserer Überlegungen annehmen, jedes einzelne Experiment der Meßreihe habe als Ergebnis eine von endlich vielen, verschiedenen aus der Meßvorschrift sich ergebenden Zahlen:

$$x_1, \ldots, x_r. \tag{16, 2}$$

Diese Zahlen bilden nichts anderes als ein vollständiges System sich ausschließender Merkmale unserer Meßreihe. Deshalb sind nach der ersten Hypothese die Wahrscheinlichkeiten aller dieser Meßwerte vorhanden:

$$w(x_1), \ldots, w(x_r) \tag{16, 3}$$

und es ist außerdem nach den Sätzen des § 5

$$w(x_1) + \ldots + w(x_r) = 1. \tag{16, 4}$$

Wir bemerken, daß daraus folgt, daß nicht alle diese Wahrscheinlichkeiten Null sein können, sondern daß wenigstens eines der betrachteten Meßergebnisse eine von Null verschiedene Wahrscheinlichkeit hat. Für wenigstens einen Index k_0 ist also $w(x_{k_0}) \neq 0$.

Nun betrachten wir den n-ten Durchschnittsbetrag der Ergebnisse unserer Meßreihe. Sind $a_n(x_1), \ldots, a_n(x_r)$ die n-ten absoluten Häufigkeiten, mit denen die möglichen Meßergebnisse $x_1, \ldots, x_r$ bis zur n-ten Messung aufgetreten sind, so ist zunächst

$$\beta_n = x_1 a_n(x_1) + \ldots + x_r a_n(x_r) \tag{16, 5}$$

und daher ist

$$\mu_n = \frac{\beta_n}{n} = \frac{x_1 a_n(x_1) + \ldots + x_r a_n(x_r)}{n} \tag{16, 6}$$

der Durchschnittswert aller Meßergebnisse bis zur n-ten Messung; denn nach dem Begriff der Messung tritt jedes x_k bei der Mittelwertbildung $a_n(x_k)$mal auf, weil die einzelnen Meßergebnisse einander ausschließen. Also ist

$$\mu_n = x_1 \varrho_n(x_1) + \ldots + x_r \varrho_n(x_r), \tag{16, 7}$$

wo die ϱ_n, wie immer, die n-ten relativen Häufigkeiten bezeichnen. Nach der ersten Hypothese des II. Kapitels ist für alle x_k der Grenzwert dieser relativen Häufigkeiten vorhanden; denn es gibt die Wahrscheinlichkeiten $w(x_k)$. Dann ist aber in der Tat nach den Sätzen des § 3 auch der Grenzwert μ der μ_n vorhanden.

16, 6. Außerdem hängt dieser Grenzwert nach unserer I. Hypothese allein von der Versuchsvorschrift $\mathfrak{M}(x)$ ab, nach der die Einzelmessungen durchgeführt worden sind, und nicht von der gerade vorliegenden Verwirklichung dieser Meßvorschrift, der speziellen Meßreihe.

Wir können daher diesen Grenzwert mit Recht als das auf Grund der gegebenen Meßvorschrift zu erwartende durchschnittliche Meßergebnis, als den Mittelwert „aller" nach dieser Meßvorschrift gemessenen Werte bezeichnen.

Festsetzung 16, 2. Unter dem **Mittelwert** der Meßergebnisse einer Meßvorschrift $\mathfrak{M}(x)$ verstehen wir den Grenzwert des Durchschnittsbetrages der Meßergebnisse. Wir bezeichnen ihn mit

(16, 8) $$\mu[\mathfrak{M}(x)] = \lim_{n \to \infty} \mu_n = \lim_{n \to \infty} \frac{\beta_n}{n}$$

Es gilt dann wegen der Beziehung (16, 7) und der I. Hypothese der folgende

Satz 16, 1. Es ist

(16, 9) $$\mu[\mathfrak{M}(x)] = x_1 w(x_1) + \ldots + x_r w(x_r)$$

Wir brauchen daher nicht immer mit dem Grenzwert zu rechnen, sondern können diesen auf den endlichen Ausdruck der Formel (16, 9) zurückführen. Der eigentlich durchzuführende Grenzübergang ist aber hierin natürlich implizit enthalten, nämlich in den als bekannt vorausgesetzten Wahrscheinlichkeiten.

Es steht diesem Vorteil der Formel (16, 9) aber der Nachteil gegenüber, daß zu ihrer Herleitung an Stelle der Voraussetzung der Existenz des Mittelwertes schlechthin die stärkere Voraussetzung der Existenz der Wahrscheinlichkeiten von $x_1, \ldots, x_r$ erforderlich ist. Um unsere auf die Wahrscheinlichkeitsrechnung gerichteten Überlegungen nicht mit den unter der schwächeren Voraussetzung erforderlichen Grenzwertbetrachtungen zu belasten, werden wir uns trotzdem auf die Formel (16, 9) von Satz 16, 1 stützen. Damit tun wir nicht mehr, als daß wir uns erneut für die Gültigkeit der I. Hypothese über die Anwendung der Wahrscheinlichkeitsrechnung entscheiden.

Wie weit man ohne diese Hypothese, allein mit der schwächeren Voraussetzung der Existenz des Mittelwertes, die Ergebnisse der folgenden Paragraphen zum Teil aufrechterhalten kann, findet der Leser im Teil 7 des Anhanges.

Der Mittelwert ist nicht immer eines der Meßergebnisse $x_1, \ldots, x_r$, die wir bei der Durchführung der Einzelmessung erhalten. Z. B. würde eine Messung, die die Werte 81, 82, 83 und 84 mit den Wahrscheinlichkeiten $^1/_{10}$, $^2/_{10}$, $^5/_{10}$ und $^2/_{10}$ liefert, den Mittelwert 82,8 ergeben.

16, 7. Der Mittelwert ist nach den Festsetzungen (16, 2) und (13, 1) bzw. (13, 2) die Erwartung bei Bewertung eines jeden der Merkmale unseres Merkmalsystems durch sich selbst, wenn also

(16, 10) $$f(x_k) = x_k \text{ für jedes } k$$

gesetzt wird. Eine derartige Bewertung der Merkmale durch sich selbst ist hier deshalb möglich, weil die Merkmale einer Messung Zahlen sind. Wir können daher die früher über die Erwartung abgeleiteten Ergebnisse auch auf den Mittelwert anwenden.

§ 17. Merkmaltransformationen.

17, 1. Oft ergibt sich für den Physiker die Notwendigkeit, die Ergebnisse seiner Messungen in andere Einheiten umzurechnen. Es soll also nicht etwa mit den neuen Einheiten eine neue, verfeinerte Meßreihe durchgeführt werden, sondern es werden nur die schon gewonnenen Meßergebnisse nachträglich in anderen Einheiten ausgedrückt. So kann es z. B. sein, daß der Nullpunkt der Bezugsskala verschoben wird oder daß der Maßstab, in dem gemessen wird, geändert wird. Im ersten Fall treten an Stelle der alten Merkmale $x_1, \ldots, x_r$ neue $x_1^*, \ldots, x_r^*$, die sich von den alten alle um den gleichen additiven positiven oder negativen Betrag d unterscheiden, so daß also $x_k^* = x_k + d$ ist für alle k. Im zweiten Fall entstehen dagegen die x_k^* aus den x_k durch Multiplikation mit einem konstanten Faktor c, also $x_k^* = c \cdot x_k$. Der Mathematiker nennt solche Übergänge von den x zu den x^* eine Transformation, und wir werden diese Bezeichnung ebenfalls anwenden.

Festsetzung 17, 1. Wir sagen, die Merkmale $x_1, \ldots, x_r$ seien in die Merkmale $x_1^*, \ldots, x_r^*$ durch Addition einer Konstanten bzw. durch Multiplikation mit einer von Null verschiedenen Konstanten transformiert, wenn die Beziehungen

$$x_k^* = x_k + d \tag{17, 1}$$

bzw.

$$x_k^* = c \cdot x_k, \text{ wobei } c \neq 0 \tag{17, 2}$$

bestehen.

Allgemeiner können diese beiden Transformationen miteinander verbunden werden. Dann besteht zwischen den x_k^* und den x_k die folgende Beziehung:

$$x_k^* = c \cdot x_k + d;\; c \neq 0. \tag{17, 3}$$

Festsetzung 17, 2. Besteht zwischen allen Merkmalen zweier Merkmalsysteme $x_1, \ldots, x_r$ und $x_1^*, \ldots x_r^*$ die Beziehung

$$x_k^* = c \cdot x_k + d \tag{17, 3}$$

so sagen wir, die Merkmale x^* gehen aus den x durch **lineare Transformation** hervor.

Da wir diese letzte Beziehung (17, 3) auch nach den x auflösen können:

$$x_k = \frac{1}{c} x_k^* - \frac{d}{c} \tag{17, 4}$$

so gehen umgekehrt auch die x aus den x^* durch lineare Transformation hervor.

Ebenso wie früher für die alten Größen x können wir nun auch für die neuen Größen x^* den Mittelwert bestimmen, den wir in der folgenden Weise bezeichnen werden.

Festsetzung 17, 3. Wir bezeichnen den Mittelwert der transformierten Größen mit $\mu[\mathfrak{M}(x^*)]$.

In dieser Bezeichnung ist einmal enthalten, daß es sich um den Mittelwert der x^* handelt, anderseits auch, daß es sich noch immer um den gleichen Versuch $\mathfrak{M}$ handelt.

17, 2. Es geht nun darum, Regeln abzuleiten, nach denen wir in bequemer Weise den Mittelwert der transformierten Größen x^* aus dem Mittelwert der ursprünglichen bestimmen können. Das ist nicht weiter schwierig, wenn wir uns darüber klar sind, daß jedes der transformierten Merkmale genau mit der Wahrscheinlichkeit des zu ihm gehörigen ursprünglichen Merkmals auftritt: denn jedesmal dann, wenn zu einer Messung E der Meßreihe das Ergebnis x_k notiert worden ist, wird jetzt das Ergebnis x_k^* notiert. Also treten die transformierten Merkmale mit der gleichen absoluten Häufigkeit, also auch mit der gleichen Wahrscheinlichkeit, auf.

Satz 17, 1. Die Wahrscheinlichkeit eines der transformierten Merkmale x^* ist gleich der des zugehörigen ursprünglichen Merkmals x:

$$w \cdot (x_k^*) = w(x_k)\ ^{1)}. \qquad (17,\ 5)$$

17, 3. Nach der Formel (16, 9) ist:

$$\mu[\mathfrak{M}(x^*)] = x_1^* w(x_1^*) + \ldots + x_r^* w(x_r^*)$$

und daher wegen (17, 5)

$$\mu[\mathfrak{M}(x^*)] = x_1^* w(x_1) + \ldots + x_r^* w(x_r). \qquad (17,\ 6)$$

Ist nun $x_k^* = x_k + d$ so folgt daraus

$$\mu[\mathfrak{M}(x^*)] = (x_1 + d)\, w(x_1) + \ldots + (x_r + d)\, w(x_r)$$
$$= x_1 w(x_1) + \ldots + x_r w(x_r) + d(w(x_1) + \ldots + w(x_r)).$$

Nach der Voraussetzung über die Vollständigkeit des Merkmalsystems der x ist aber die Summe der Wahrscheinlichkeiten aller Merkmale Eins. Also folgt

$$\mu[\mathfrak{M}(x^*)] = x_1 w(x_1) + \ldots + x_r w(x_r) + d$$

d. h. aber

$$\mu[\mathfrak{M}(x^*)] = \mu[\mathfrak{M}(x + d)] = \mu[\mathfrak{M}(x)] + d. \qquad (17,\ 7)$$

Entsprechend folgt aus (17, 2) $x_k^* = cx_k$ und (17, 6)

$$\mu[\mathfrak{M}(x^*)] = cx_1 w(x_1) + \ldots + cx_r w(x_r)$$
$$= c(x_1 w(x_1) + \ldots, + x_r w(x_r)).$$

Also

$$\mu[\mathfrak{M}(x^*)] = \mu[\mathfrak{M}(cx)] = c\mu[\mathfrak{M}(x)]. \qquad (17,\ 8)$$

Für den allgemeinen Fall der linearen Transformation wird

$$\mu[\mathfrak{M}(x^*)] = (cx_1 + d)\, w(x_1) + \ldots + (cx_r + d)\, w(x_r)$$
$$= cx_1 w(x_1) + \ldots + cx_r w(x_r) + d(w(x_1) + \ldots + w(x_r))$$
$$= c(x_1 w(x_1) + \ldots x_r w(x_r)) + d$$

oder

$$= c\mu[\mathfrak{M}(x)] + d$$

Es ist also

$$\mu[\mathfrak{M}(x^*)] = \mu[\mathfrak{M}(cx + d)] = c\mu[\mathfrak{M}(x)] + d. \qquad (17,\ 9)$$

Wir können diesen Sachverhalt, der in den Formeln (17, 7), (17, 8) und (17, 9) ausgesprochen ist, in folgendem Satz zusammenfassen:

---

1) Das gilt nicht nur für die hier betrachteten lin. Transf., sondern auch in allgemeineren Fällen, wenn nur jedem der x genau ein x^* und umgekehrt zugeordnet ist, oder, wie die Mathematiker sagen, wenn die x und x^* umkehrbar eindeutig einander zugeordnet sind.

Satz 17, 2. Bei linearen Transformationen transformiert sich der Mittelwert ebenso wie die Merkmale.

17, 4. Besonders wichtig ist der Fall, daß die Merkmale x durch Subtraktion mit ihrem Mittelwert transformiert werden.

Festsetzung 17, 4. Die mit einem Vorzeichen versehenen Abweichungen

$$x'_k = x_k - \mu[\mathfrak{M}(x)] \tag{17, 10}$$

der Merkmale x_k von ihrem Mittelwert $\mu[\mathfrak{M}(x)]$ nennen wir die **reduzierten Merkmale** zu den x und bezeichnen sie im Rest des Buches immer mit x'.

Diese reduzierten Merkmale x' haben, wie wir schon vorhin erwähnten, selbstverständlich die gleichen Wahrscheinlichkeiten wie die x_k. Bilden wir für unseren Versuch über die reduzierten Merkmale den Mittelwert, so erhalten wir nach der Formel über die Transformation durch Addition $\mu[\mathfrak{M}(x')] = \mu[\mathfrak{M}(x)] - \mu[\mathfrak{M}(x)] = 0$. Es gilt also

Satz 17, 3. Der Mittelwert der reduzierten Merkmale, d. h. der Mittelwert der Abweichungen der gegebenen Merkmale vom Mittelwert $\mu[\mathfrak{M}(x)]$ ist Null:

$$\mu[\mathfrak{M}(x')] = x'_1 w(x'_1) + \ldots + x'_r w(x'_r) = 0. \tag{17, 11}$$

17, 5. Um vor einem Fehlschluß zu warnen, zu dem dieses Ergebnis leicht führen kann, müssen wir uns noch etwas ausführlicher damit beschäftigen.

Wenn bei statistischen Untersuchungen aus einer bestimmten endlichen Anzahl n von untersuchten Fällen das arithmetische Mittel, d. h. in unserer Bezeichnung das letzte Durchschnittsergebnis μ_n gebildet wird, so muß die Summe der Abweichungen der gegebenen Merkmale von diesem letzten Durchschnittswert μ_n Null sein. Wenn nämlich $E_1, \ldots, E_n$ die Messungen mit den Ergebnissen $x_{k_1}, \ldots, x_{k_n}$ sind, ist

$$\mu_n = \frac{\beta_n}{n} = \frac{x_{k_1} + \ldots + x_{k_n}}{n} \tag{17, 12}$$

und daher

$$\begin{aligned} x'_{k_1} + \ldots + x'_{k_n} &= (x_{k_1} - \mu_n) + \ldots + (x_{k_n} - \mu_n) \\ &= x_{k_1} + \ldots + x_{k_n} - n \cdot \mu_n \\ &= x_{k_1} + \ldots + x_{k_n} - (x_{k_1} + \ldots + x_{k_n}), \end{aligned}$$

d. h.

$$\Sigma x'_{k_\kappa} = 0.$$

An Stelle des letzten Durchschnittswertes μ_n tritt aber bei unseren Betrachtungen der ideale Grenzwert $\mu[\mathfrak{M}(x)]$. Wir haben gesehen, daß dann der Mittelwert der Abweichungen x' der Merkmale x von diesem Mittelwert $\mu[\mathfrak{M}(x)]$ Null ist. D. h. aber, daß

$$\lim_{n \to \infty} \frac{\text{Summe der ersten } n \text{ Abweichungen}}{n} = 0.$$

Nach der Bedeutung des Grenzwertes bedeutet das, daß für große n

$$\frac{\text{Summe der ersten } n \text{ Abweichungen}}{n}$$

klein ist. Wie wir schon früher bemerkten, besagt das aber keineswegs schon, daß die Summe der ersten n Abweichungen etwa selber klein wird, sondern nur, daß sie relativ zu n klein wird. Wir werden nun zeigen, daß im Gegenteil diese Summe der ersten n Abweichungen im allgemeinen beliebig große Werte annehmen wird. Die einzige Ausnahme bildet der Fall, daß eines der betrachteten Merkmale die Wahrscheinlichkeit Eins hat, also dann natürlich alle andern die Wahrscheinlichkeit Null. Sonst aber gibt es immer ein Merkmal x_i, dessen Abweichung vom Mittelwert von Null verschieden ist und das zudem auch eine von Null verschiedene Wahrscheinlichkeit besitzt. Wir werden jetzt zeigen, daß dann mit wachsendem n die Summe der ersten n Abweichungen immer wieder jeden Betrag B, den wir ganz willkürlich vorgeben können, überschreiten wird. Dazu bestimmen wir eine ganze Zahl a so, daß $x'_i \cdot a > 2B$ wird, und halten diese Zahl a fest. Da mit $w(x_i) \neq 0$ auch $(w(x_i))^a \neq 0$ ist, ist also die Wahrscheinlichkeit, daß a mal hintereinander die Abweichung x_i auftritt, von Null verschieden. Nach dem, was wir uns im § 4 überlegt haben, kommt es daher mit wachsendem n immer wieder vor, daß a mal hintereinander die Abweichung x'_i fällt. Dann ist aber vom Beginn der Serie bis zum Schluß derselben der Gesamtbetrag der Abweichungen um $a\,x'_i$, also um mehr als $2\,B$ gewachsen oder gefallen. Dann muß aber mindestens eine der zwei Abweichungssummen, die vor Beginn oder die nach Beendigung der Serie der a Merkmale x_i, dem Betrage nach größer als B sein; denn zwei Zahlen, deren Differenz größer als $2B$ ist, können nicht beide dem Betrage nach kleiner als B sein.

17, 6. Wir kommen nun noch einmal auf Satz 17, 3 zurück. Wir denken uns also irgendeine Messung $\mathfrak{M}(x)$ gegeben. Wir erhalten dann endlich viele Merkmale, die Meßergebnisse, jedes mit einer gewissen Wahrscheinlichkeit. Wir erhalten ferner den Mittelwert $\mu[\mathfrak{M}(x)]$, und dieser Wert μ hat die Eigenschaft: Geht man von den Meßergebnissen zu den reduzierten Merkmalen, d. h. aber zu den Abweichungen $x - \mu[\mathfrak{M}(x)]$ über, so haben diese den Mittelwert 0, d. h. das arithmetische Mittel der ersten n Abweichungen vom Mittelwert geht mit wachsendem n nach Null, und das formulieren wir zwar sehr unpräzis, aber sehr suggestiv auch so: Es liegen die Meßergebnisse, betrachtet nach ihrer Größe und der Häufigkeit ihres Auftretens, gerade ebenso stark oberhalb wie unterhalb des Wertes μ.

Es hat nun kein anderer Wert außer μ ebenfalls diese Eigenschaft. Ist nämlich λ irgendeine Zahl, aber $\lambda < \mu$, so mache man die Merkmaltransformation, die x_k in $x_k - \lambda$ überführt. Der Mittelwert dieser Werte ist dann gleich dem Mittelwert der Summen $(x_k - \mu) + (\mu - \lambda)$, die ja mit $x_k - \lambda$ identisch sind. Nach den Sätzen über die Mittelwertbildung ist dieser Mittelwert dann aber $\mu - \lambda$, also positiv, d. h. es liegen die Meßergebnisse in stärkerem Maße oberhalb als unterhalb λ.

Entsprechend folgt, daß der Mittelwert der Abweichungen der Meßergebnisse x von einer Zahl, die oberhalb μ liegt, negativ ist. Es hat sich damit also ergeben: Der Mittelwert μ ist die einzige Zahl, um welche die Meßergebnisse x so konzentriert liegen, daß die x_k in gleich starkem Maße oberhalb wie unterhalb μ liegen.

Auf Grund dieser Eigenschaft nennen wir μ auch bei Streckenmessungen die Länge der Strecke auf Grund der Meßvorschrift $\mathfrak{M}(x)$ und allgemein die Maßzahl der Größe x auf Grund der Meßvorschrift $\mathfrak{M}(x)$.

Nicht immer darf man sich vorstellen, daß dieses μ die wahre Länge von x ist. Denn die Messung könnte ja einen systematischen Fehler haben, was z. B. der Fall ist, wenn wir mit einem falschen Maßstab messen. Meistens wird man versuchen, sich weitgehend von solchen systematischen Fehlern zu befreien. Glaubt ein Physiker, solche systematischen Fehler ausgeschaltet zu haben, so könnte μ auch als die wahre Länge von x bezeichnet werden. Da mit Recht gegen solche absoluten Begriffe Mißtrauen bestehen muß, stellen wir uns jedoch jetzt meist $\mu[\mathfrak{M}(x)]$, vor als die Maßzahl des gemessenen Objekts auf Grund der Meßvorschrift; in dem Fall, den wir uns meist als Beispiel nehmen, als die Länge der gemessenen Strecke x auf Grund der Meßvorschrift $\mathfrak{M}(x)$.

Damit ist also $\mu[\mathfrak{M}(x)]$ allgemein für uns der **Wert der gemessenen Größe x auf Grund der Meßvorschrift $\mathfrak{M}(x)$.** Anderseits ist $\mu[(\mathfrak{M}(x)]$ der limes des Durchschnittsbetrages μ_n; μ_n ist der Ersatzwert, den der Physiker statt der Länge der Strecke benutzt, wenn er nichts anderes als die n vorliegenden Meßresultate hat. Ist nun die Berechtigung für diesen Ersatzwert mit den bisher durchgeführten Betrachtungen erbracht? Ist unsere Hauptfrage entschieden, daß der Wert μ_n bei Vergrößerung von n zuverlässiger ist? Das ist bisher keineswegs bewiesen. Folgendes ist allerdings auf Grund der I. Hypothese klar: Da $\lim\limits_{n \to \infty} \mu_n$ die Länge der Strecke auf Grund der Meßvorschrift ist, gilt folgendes: Gibt man ein Fehlerintervall beliebig vor, so muß es wegen der Grenzwertdefinition dazu eine Stelle n_0 derart geben, daß alle μ_n mit noch größerem Index die wirkliche Länge μ — auf Grund von $\mathfrak{M}(x)$ — bis auf einen Fehler von höchstens der zugelassenen Größe dieses Intervalls darstellen. Es gibt aber keine Möglichkeit, nun zu einem vorgegebenen Fehlerintervall eine solche Zahl n_0 wirklich zu bestimmen. Es gilt auch nicht die Aussage, daß die μ_n mit größerem Index dem Grenzwert immer näherliegen. Es kann sehr wohl sein, daß μ_{20} von $\mu[\mathfrak{M}(x)]$ viel weiter entfernt ist als μ_{10}. Es erscheint auch unmöglich, die I. Hypothese durch eine schärfere zu ersetzen, die die gestellten Fragen erledigt.

Trotzdem ist jeder Physiker überzeugt, daß μ_{20} „im allgemeinen" besser annähert als μ_{10}. Weshalb, ist bisher nicht beantwortet. Die Antwort auf die Frage, in welchem Sinne und weshalb das richtig ist, ist das Hauptziel dieses Buches und wird in seinem restlichen Teil gegeben werden.

Das wesentliche Hilfsmittel, mit dem wir diese Frage beantworten werden, ist die im folgenden betrachtete Operation der Durchschnittsbildung und die über sie und ihre Streuung bewiesenen Sätze.

§ 18. Der Mittelwert von Summen und Produkten, Durchschnittsbildung.

18, 1. Es ist häufig nötig, die Ergebnisse verschiedener Meßreihen miteinander zu verbinden. Denken wir uns zwei Meßvorschriften $\mathfrak{M}(x)$ und $\mathfrak{M}(y)$ mit den Merkmalen $x_1, \ldots, x_r$ und $y_1, \ldots, y_s$ gegeben, so erhalten wir dazu zwei Reihen von Einzelmessungen:

$$F' : E_1', E_2', \ldots$$
$$F'' : E_1'', E_2'', \ldots$$

mit den Ergebnissen:

$$x_{k_1}, x_{k_2}, \ldots$$
$$y_{j_1}, y_{j_2}, \ldots$$

Wie im § 9 stellen wir uns wieder vor, die Messungen gleicher Nummer der beiden Meßreihen würden nebeneinander oder unmittelbar hintereinander ausgeführt. Wir fassen also wieder die beiden Versuchsvorschriften in einer einzigen, der Verbindung der beiden $[\mathfrak{M}(x); \mathfrak{M}(y)]$ zusammen. Als Reihe der Messungen zu dieser neuen Meßvorschrift ergibt sich die Reihe der Doppelmessungen:

$$[E_1'; E_1''], [E_2'; E_2''], \ldots$$

deren Merkmale die $r \cdot s$ Paare $[x_k; y_j]$ aus den Merkmalen der beiden ursprünglichen Merkmalsysteme sind.

18, 2. Bis jetzt war alles ebenso wie schon früher bei der Verbindung von Folgen. Sollen nun die beiden Einzelergebnisse der Doppelmessung zueinander addiert werden, so erhalten wir an Stelle der Paare $[x_k; y_j]$ die Summen $x_k + y_j$ als Merkmale der Doppelmessung, insgesamt $r \cdot s$ Summen [1]). Für diese besondere Art der Verbindung zweier Meßvorschriften führen wir nun eine neue Bezeichnung ein.

Festsetzung 18, 1. Werden die Einzelergebnisse der Messungen zweier Meßreihen $\mathfrak{M}'(x)$ und $\mathfrak{M}''(y)$ zueinander addiert, so bezeichnen wir die Verbindung dieser beiden Meßreihen mit $[\mathfrak{M}'(x) + \mathfrak{M}''(y)]$ oder mit $\boldsymbol{\mathfrak{M}(x+y)}$. Den Mittelwert der Ergebnisse der neuen Meßvorschrift, also der Summen $x_k + y_j$, bezeichnen wir mit $\mu[\mathfrak{M}'(x) + \mathfrak{M}''(y)]$ oder mit $\boldsymbol{\mu[\mathfrak{M}(x+y)]}$ [2]).

18, 3. Es ist dann selbstverständlich

$$\mu[\mathfrak{M}(x+y)] = \sum_{k\, j,} (x_k + y_j)\, w(x_k; y_j),$$

worin $w(x_k; y_j)$ wie früher die Wahrscheinlichkeit bedeutet, mit der x_k und y_j gleichzeitig auftreten. Wir schreiben diesen Ausdruck für $\mu[\mathfrak{M}(x+y)]$ nun aus und formen ihn so um, daß wir daraus eine Beziehung zwischen $\mu[\mathfrak{M}(x+y)]$ und $\mu[\mathfrak{M}'(x)]$ und $\mu[\mathfrak{M}''(y)]$ erhalten.

---

1) Unter diesen $r \cdot s$ Summen können auch solche gleichen Wertes vorkommen

2) Es handelt sich hierbei nur um eine Bezeichnung, die wir für zweckmäßig halten. Der Leser suche dahinter weiter nichts Besonderes. Als Beispiel stelle der Leser sich etwa vor, daß eine Entfernung Köln—Berlin in zwei Teilen Köln-Hannover und Hannover-Berlin gemessen wird.

Es wird

$$\begin{aligned}\mu[\mathfrak{M}(x+y)] = &\quad (x_1+y_1)\,w(x_1;y_1)+\cdots+(x_1+y_s)\,w(x_1;y_s)\\ &+(x_2+y_1)\,w(x_2;y_1)+\cdots+(x_2+y_s)\,w(x_2;y_s)\\ &+\cdots\\ &\;\vdots\\ &+(x_r+y_1)\,w(x_r;y_1)+\cdots+(x_r+y_s)\,w(x_r;y_s)\\ = &\quad x_1[w(x_1;y_1)+\cdots+w(x_1;y_r)]\\ &+x_2[w(x_2;y_1)+\cdots+w(x_2;y_s)]\\ &+\cdots\\ &\;\vdots\\ &+x_r\,[w(x_r;y_1)+\cdots+w(x_r;y_s)]\\ &+y_1\,[w(x_1;y_1)+\cdots+w(x_r;y_1)]\\ &+\cdots\\ &\;\vdots\\ &+y_s[w(x_1;y_s)+\cdots+w(x_r;y_s)].\end{aligned}$$

Da von den Merkmalsystemen x und y vorausgesetzt wird, daß sie vollständig sind und daß die einzelnen Merkmale einander ausschließen, sind die in den eckigen Klammern stehenden Summen der Reihe nach nichts anderes als die ursprünglichen Wahrscheinlichkeiten $w'(x_1), \ldots, w'(x_r)$ und $w''(y_1), \ldots, w''(y_s)$; denn nach der Mischungsregel ist z. B. $[w(x_1; y_1) + \cdots + w(x_1; y_s)]$ die Wahrscheinlichkeit dafür, daß gleichzeitig x_1 und y_1, x_1 und $y_2, \ldots, x_1$ und y_s auftritt, d. h. aber, daß x_1 überhaupt auftritt. Demnach wird

$$\begin{aligned}\mu[\mathfrak{M}(x+y)] &= x_1\,w'(x_1)+\cdots+x_r\,w'(x_r)\\ &\quad+y_1\,w''(y_1)+\cdots+y_s w''(y_s).\end{aligned}$$

Also gilt

Satz 18, 1. Der Mittelwert aus der Summe von Messungen ist gleich der Summe der Mittelwerte:

$$\mu[\mathfrak{M}(x+y)] = \mu[\mathfrak{M}'(x)+\mu[\mathfrak{M}''(y)]. \tag{18, 1}$$

Ebenso ergibt sich für den Fall der Verbindung von mehr als zwei Meßreihen:

$$\mu[\mathfrak{M}(x+y+\cdots+z)] = \mu[\mathfrak{M}^{(1)}(x)]+\mu[\mathfrak{M}^{(2)}(y)]+\cdots \cdots+\mu[\mathfrak{M}^{(k)}(z)]. \tag{18, 2}$$

Wir heben noch ausdrücklich hervor, daß wir außer der ohnehin aus dem Begriff der Messung heraus gemachten Voraussetzung der Vollständigkeit und des gegenseitigen Ausschließens der Merkmale keine weiteren Voraussetzungen zum Beweise unserer Behauptung gebraucht haben. Insbesondere ist also etwa über die Unabhängigkeit der Merkmalsysteme $x_1, \ldots, x_r$ und $y, \ldots, y_s$ keine Voraussetzung erforderlich.

18, 4. Mit Hilfe der abgeleiteten Beziehung läßt sich nun auch der Mittelwert der Bildung des k-fachen Durchschnitts aus mehreren Messungen einfach darstellen. Wir denken uns eine bestimmte physikalische

Größe mehrfach, also etwa k mal nach vielleicht ganz verschiedenen Versuchsvorschriften gemessen. Wir erhalten so k Versuche:

$$\mathfrak{M}^{(1)}, \mathfrak{M}^{(2)}, \mathfrak{M}^{(3)}, \ldots, \mathfrak{M}^{(k)}$$

mit den Meßreihen:

$$\begin{array}{l} E_1^{(1)}, E_2^{(1)}, \ldots \\ E_1^{(2)}, E_2^{(2)}, \ldots \\ \vdots \\ E_1^{(k)}, E_2^{(k)}, \ldots . \end{array}$$

Bilden wir aus den je k zusammengehörigen, also in unserer Aufstellung untereinander stehenden Messungen, die wir uns wieder nebeneinander ausgeführt denken, den Durchschnitt, so haben wir die Meßergebnisse zu addieren und die Summe durch k zu dividieren. So erhalten wir eine neue Meßvorschrift, die wir in der folgenden Weise bezeichnen werden:

Festsetzung 18, 2. Die Vorschrift, aus einer Reihe von k Messungen den Durchschnitt[1]) zu bilden, nennen wir kurz k-**fache Durchschnittsbildung** und bezeichnen sie mit dem Symbol

$$\frac{\mathfrak{M}^{(1)}(x) + \cdots + \mathfrak{M}^{(k)}(x)}{k}.$$

Den Mittelwert dieses k-fachen Durchschnittsergebnisses bezeichnen wir mit

$$\mu\left[\frac{\mathfrak{M}^{(1)}(x) + \cdots + \mathfrak{M}^{(k)}(x)}{k}\right].$$

Dann gilt nach dem Satz 18, 1 und wegen (17, 8) mit $c = \frac{1}{k}$.

Satz 18, 2. Der Mittelwert des k-fachen Durchschnitts ist gleich dem k-fachen Durchschnitt aus den Mittelwerten der einzelnen Meßvorschriften:

$$(18,\ 3) \qquad \mu\left[\frac{\mathfrak{M}^{(1)}(x) + \cdots + \mathfrak{M}^{(k)}(x)}{k}\right] = \frac{\mu[\mathfrak{M}^{(1)}(x)] + \cdots + \mu[\mathfrak{M}^{(k)}(x)]}{k}.$$

Insbesondere folgt aus diesem Satz, daß wir bei Durchschnittsbildung aus k Messungen nach derselben Meßvorschrift $\mathfrak{M}$ zum gleichen Mittelwert gelangen, wie bei der Einzelmessung.

Satz 18, 2a. Bei k-facher Durchschnittsbildung aus k Messungen auf Grund der gleichen Meßvorschrift $\mathfrak{M}x$) bleibt der Mittelwert gegenüber der Einzelmessung ungeändert[2]).

18, 5. Wir betrachten noch den Fall, daß die Resultate zweier Messungen nicht addiert, sondern multipliziert werden. Zunächst führen wir dazu die entsprechenden Bezeichnungen ein:

---

[1]) Um in der Ausdrucksweise einen Unterschied zu haben, brauchen wir im Gegensatz zu dem „idealen" Mittelwert $\mu[\mathfrak{M}(x)]$ für die Mittelwertbildung aus endlich vielen Ergebnissen konsequent den Ausdruck Durchschnitt.

[2]) S. auch Festsetzung 19, 3.

Festsetzung 18, 3. Werden die Ergebnisse zweier Messungen miteinander multipliziert, so bezeichnen wir diese Kombination der beiden Meßreihen mit $\mathfrak{M}'(x)\cdot\mathfrak{M}''(y)$ oder $\mathfrak{M}(x\cdot y)$ und den Mittelwert der Ergebnisse der neuen Meßvorschrift, also der Produkte $x_k y_j$, mit $\mu[\mathfrak{M}'(x)\cdot \mathfrak{M}''(y)]$ oder $\mu[\mathfrak{M}(x\cdot y)]$.

Dann ist

$$(18,\ 4)\qquad \mu[\mathfrak{M}(x\cdot y) = \sum_{k,j} x_k y_j w(x_k;\, y_j) = \sum_{k,j} x_k y_j w'(x_k)\, w''^{*}_{x_k}(y_j).$$

Falls die beiden Messungen $\mathfrak{M}'$ und $\mathfrak{M}''$ voneinander unabhängig sind, wird $w''^{*}_{x_k}(y_j) = w''(y_j)$ und damit

$$(18,\ 5)\qquad \mu[\mathfrak{M}(x\cdot y)] = \sum_{k,j} x_k y_j\, w(x_k)\, w(y_j) = \sum_{k} x_k\, w(x_k) \sum_{j} y_j w(y_j),$$

wie man sofort nachrechnen kann.

Es folgt also dann der

Satz 18, 3. Sind die Messungen $\mathfrak{M}'(x)$ und $\mathfrak{M}''(y)$ voneinander unabhängig, so ist

$$(18,\ 6)\qquad \mu[\mathfrak{M}(x\cdot y)] = \mu[\mathfrak{M}'(x)]\, \mu[\mathfrak{M}''(y)].$$

Der Mittelwert eines Produktes ist bei unabhängigen Versuchen gleich dem Produkt der beiden Mittelwerte der Ausgangsmessungen.

18, 6. Daß diese Beziehung für den Fall der Abhängigkeit der Messungen nicht mehr gilt, können wir sofort an einem Gegenbeispiel zeigen. Nehmen wir an, wir würden bei einer Messung mit der Wahrscheinlichkeit 1/6 die Werte 1, 2, 3, 4, 5, 6 erhalten. Dann wird

$$\mu[\mathfrak{M}'] = \frac{1+2+3+4+5+6}{6} = 3{,}5.$$

Wäre nun eine zweite Messung mit dieser künstlich so gekoppelt, daß sie die gleichen Werte liefert wie die erste, so wäre auch für diese $\mu[\mathfrak{M}''] = 3{,}5$.

Wegen der vorausgesetzten Abhängigkeit sind aber die Ergebnisse von $[\mathfrak{M}'\cdot\mathfrak{M}'']$: 1^2, 2^2, 3^2, 4^2, 5^2, 6^2, und zwar treten diese mit der Wahrscheinlichkeit 1/6 auf; es wird also

$$\mu[\mathfrak{M}'\cdot\mathfrak{M}''] = \frac{1+4+9+16+25+36}{6} = \frac{91}{6}.$$

Anderseits ist

$$\mu[\mathfrak{M}']\, \mu[\mathfrak{M}''] = \frac{7}{2}\cdot\frac{7}{2} = \frac{49}{4}.$$

Somit ist in diesem Beispiel

$$\mu[\mathfrak{M}'\cdot\mathfrak{M}''] \neq \mu[\mathfrak{M}']\, \mu\, [\mathfrak{M}''].$$

18, 7. Physikalisch können wir aus Satz 18, 1 folgendes schließen. Wird die Messung einer Gesamtstrecke in mehrere Etappen eingeteilt, werden diese dann für sich gemessen, so ist die Länge der Gesamtstrecke auf Grund der Gesamtmeßvorschrift nichts anderes als die Summe der Längen, die sich auf Grund der Teilmessungen ergeben haben. Dieser

Satz hat sich also auch dann ergeben, wenn die Teilmessungen nicht voneinander unabhängig sind. Der Satz erscheint ja von vornherein als plausibel.

Dagegen hat sich der Satz 18, 3, daß der Inhalt eines Rechtecks, für dessen Breite und Höhe zwei Meßvorschriften festgelegt sind, auf Grund dieser Gesamtvorschrift das Produkt der herausgekommenen Breite und Höhe auf Grund der beiden Teilvorschriften ist, obgleich auch er zunächst als plausibel erscheint, nur ergeben, wenn die beiden Teilmessungen der Breite und Höhe voneinander unabhängig sind. Sind sie es nicht, ist der Satz, wie gezeigt, falsch.

Der Leser mache sich, sobald er das Bisherige gut verstanden hat, klar, daß dieser mathematisch abgeleitete Sachverhalt selbstverständlich auch physikalisch sinnvoll ist.

§ 19. Streuung und Fehlerfortpflanzungsgesetz.

19, 1. Eine Messung, bei der die Ergebnisse der Einzelmessungen um die gewonnene Maßzahl μ der Messung stark verstreut sind, wird man jedenfalls als ungenau bezeichnen. Von dieser Vorstellung ausgehend gilt es nun, einen numerisch festgelegten Begriff zu prägen, der der anschaulichen Vorstellung entspricht und mit dem wir die Ungenauigkeit bzw. Genauigkeit einer Messung präzise messen können.

Der Gedanke liegt nahe, dazu die Abweichungen vom Mittelwert, also die reduzierten Merkmale x' heranzuziehen und deren Mittelwert zu bilden. Doch haben wir schon im vorigen § 18 gesehen, daß dieser Mittelwert immer Null ist. Das liegt daran, daß in die reduzierten Merkmale x' das Vorzeichen der Abweichung vom Mittelwert eingeht. Es wäre möglich, an Stelle dieses Mittelwertes der Abweichungen selbst den Mittelwert über die absoluten Beträge der Abweichungen zu bilden und darauf ein Maß für die Ungenauigkeit einer Messung aufzubauen. Doch ist ein anderer, von Gauß eingeschlagener Weg üblich. Hierbei wird der Mittelwert des Quadrates der Abweichungen als Maß für die Ungenauigkeit der Messung genommen. Wir müssen uns darüber klar sein, daß die Einführung dieses Maßes für die Ungenauigkeit einer Messung zunächst vollkommen willkürlich ist. Es wird in den nächsten Paragraphen unsere Aufgabe sein, zu zeigen, wie wir mit Hilfe dieses Begriffs dann die zu Anfang des Kapitels aufgeworfene Hauptfrage beantworten können.

19, 2. Festsetzung 19, 1. Als Maß für die Ungenauigkeit einer Messung nehmen wir den Mittelwert der Fehlerquadrate, also den Mittelwert der Quadrate der Abweichungen x', den wir mit $\sigma^2[\mathfrak{M}(x)]$ bezeichnen. Es ist dann

$$(19,\ 1)\qquad \sigma^2[\mathfrak{M}(x)] = \mu[\mathfrak{M}(x'^2)] = x_1'^2 w(x_1) + \cdots + x_r'^2 w(x_r)\ ^{1)}.$$

Wir nennen diesen Wert das **Streuungsquadrat.**

---

[1]) Da die x' und damit auch die Quadrate x'^2 die gleiche Wahrscheinlichkeit haben wie die x, erhalten wir den Mittelwert dieser Größen nach der für die Mittelwertbildung der x abgeleiteten Formel.

Festsetzung 19, 2. Die Größe

$$\sigma[\mathfrak{M}(x)] = \sqrt{\sigma^2[\mathfrak{M}(x)]},$$

also die Wurzel aus dem Streuungsquadrat, wird als **Streuung** bezeichnet.

Für den Begriff der Streuung gelten die gleichen Überlegungen, die sich für den Mittelwert unmittelbar an die Festsetzung 16, 2 und den Satz 16, 1 anschließen. Der Leser wird daher erneut auf diese Frage und auf den Teil 7, 3 des Anhanges hingewiesen.

Da das Streuungsquadrat eine nicht negative Zahl ist, kann man die Wurzel daraus immer ziehen, und somit ist mit dem Streuungsquadrat auch die Streuung immer vorhanden. Es ist an sich gleich, mit welcher der beiden Funktionen man rechnen will; doch ist es bequemer, mit dem Streuungsquadrat als dem einfacheren Ausdruck zu rechnen. Die 2 in $\sigma^2[\mathfrak{M}(x)]$ bedeutet also tatsächlich, daß hier etwas, nämlich $[\sigma\mathfrak{M}(x)]$, quadriert wird. Da das Quadrat die einfachere Bedeutung hat, haben wir dieses zuerst definiert.

In unserem früheren Beispiel wird (§ 16, 6)

$$x_1' = -1{,}8;\ x_2' = -0{,}8;\ x_3' = +0{,}2;\ x_4' = +1{,}2;$$

$$x_1'^2 = 3{,}24;\ x_2'^2 = 0{,}64;\ x_3'^2 = 0{,}04;\ x_4'^2 = 1{,}44.$$

Daraus folgt mit den früher angegebenen Werten für die Wahrscheinlichkeiten der einzelnen Merkmale

$$\sigma^2 = 0{,}324 + 0{,}128 + 0{,}02 + 0{,}288 = 0{,}76$$

und

$$\sigma = \sqrt{0{,}76} = 0{,}87\ldots.$$

Wir untersuchen nun, wie sich das Streuungsquadrat bzw. die Streuung gegenüber Merkmaltransformationen verhält. Zunächst bemerken wir, daß eine Merkmaltransformation durch Addition einer Konstanten, also eine Verschiebung des Nullpunktes der Bezugsskala, auf das Streuungsquadrat und die Streuung keinen Einfluß hat; eine solche Transformation verschiebt nach den für den Mittelwert abgeleiteten Sätzen mit den Merkmalen auch den Mittelwert um die gleiche Strecke, ändert also an den x' nichts. Da auch die Wahrscheinlichkeiten der transformierten Merkmale dieselben sind wie die der Merkmale vor der Transformation, so bleiben alle Größen in der Formel (18, 1) die gleichen. Das Streuungsquadrat und die Streuung bleiben unverändert.

Anders liegen die Dinge bei der Merkmaltransformation durch Multiplikation mit einem konstanten Faktor c, einer Maßstabsänderung. Hier multiplizieren sich alle Merkmale und ihr Mittelwert mit dem Faktor c. Dann werden auch die Abweichungen mit c, die Quadrate derselben mit c^2 multipliziert. Daraus folgt sofort, daß sich auch das Streuungsquadrat mit c^2 multipliziert. Es gelten also die Beziehungen

$$\text{(19, 3)}\qquad \begin{aligned} &\text{a)}\ \sigma^2[\mathfrak{M}(c\cdot x)] = c^2\sigma^2[\mathfrak{M}(x)] \\ &\text{b)}\ \sigma\,[\mathfrak{M}(c\cdot x)] = c\,\sigma\,[\mathfrak{M}(x)] \end{aligned}$$

und

$$\text{(19, 4)}\qquad \begin{aligned} &\text{a)}\ \sigma^2[\mathfrak{M}(x+c)] = \sigma^2[\mathfrak{M}(x)] \\ &\text{b)}\ \sigma\,[\mathfrak{M}(x+c)] = \sigma\,[\mathfrak{M}(x)] \end{aligned}$$

19, 3. Das folgende Beispiel ist für die Anwendungen der Resultate dieses Kapitels auf die Behandlung qualitativer Merkmale wichtig[1]). Zu einer Ereignisfolge seien zwei Merkmale X und Y gegeben, und wir setzen voraus, daß diese beiden Merkmale ein vollständiges System bilden und sich gegenseitig ausschließen. Das eine der beiden Merkmale, etwa X, bewerten wir willkürlich mit 1, das andere, Y, mit 0. Ist nun $w(X) = p$, $w(Y) = q$, so ist unter den gemachten Annahmen der Mittelwert μ:

$$\mu = 1 \cdot w(X) + 0 \cdot w(Y) = w(X).$$

Also

$$\mu = p. \tag{19, 5}$$

Daraus ergeben sich als Abweichungen vom Mittelwert:

$$p' = 1 - p = q;\ q' = 0 - p = -p \tag{19, 6}$$

mit den Wahrscheinlichkeiten p bzw. q. Für das Streuungsquadrat erhalten wir also

$$\sigma^2 = q^2 p + p^2 q = pq(p + q) = p \cdot q,$$

da nach Voraussetzung $p + q = 1$. Es ist also

$$\sigma^2 = p \cdot q. \tag{19, 7}$$

19, 4. Es interessiert uns nun, wie sich die eingeführten Maße für die Streuung der Meßergebnisse verhalten, wenn wir Ergebnisse verschiedener Messungen miteinander zu verbinden haben.

Es seien jetzt $\mathfrak{M}'(x)$ und $\mathfrak{M}''(y)$ zwei Meßvorschriften, deren Merkmalsysteme wieder $x_1, \ldots, x_r$ und $y_1, \ldots, y_s$ mit den Wahrscheinlichkeiten $w'(x_1), \ldots, w'(x_r)$ und $w''(y_1), \ldots, w''(y_s)$ sein mögen.

Aus dem im vorigen Paragraphen abgeleiteten Satz über den Mittelwert einer Summe $\mu[\mathfrak{M}(x + y)] = \mu[\mathfrak{M}'(x)] + \mu[\mathfrak{M}''(y)]$ ergibt sich unmittelbar eine Aussage über die bei der Addition der Meßergebnisse auftretenden Abweichungen. Es ist nämlich

$$\begin{aligned}(x_k + y_j)' &= (x_k + y_j) - \mu[\mathfrak{M}(x + y)] \\ &= x_k + y_j - \mu[\mathfrak{M}'(x)] - \mu[\mathfrak{M}''(y)] \\ &= (x_k - \mu[\mathfrak{M}'(x)]) + (y_j - \mu[\mathfrak{M}''(y)])\end{aligned}$$

Es gilt also

$$(x_k + y_j)' = x_k' + y_j'. \tag{19, 8}$$

Satz 19, 1. Der Fehler der Summe zweier Messungen ist die Summe der Fehler der beiden Einzelmessungen.

19, 5. Wir haben die obige Formel noch ohne weitere Voraussetzungen über die betrachteten Merkmalsysteme und die Meßvorschriften gefunden. Für die weiteren Überlegungen aber müssen wir jetzt noch voraussetzen, daß die beiden Meßvorschriften, deren Ergebnisse addiert werden sollen, voneinander unabhängig sind. Nach dem in Kapitel II eingeführten Begriff sind dann alle nachträglichen Wahrscheinlichkeiten gleich den ursprünglichen. Unter dieser Voraussetzung über die Unabhängigkeit der Versuche $\mathfrak{M}'(x)$ und $\mathfrak{M}''(y)$ ist es möglich, das Streuungsquadrat für den Versuch $\mathfrak{M}(x + y)$ auf die Streuungsquadrate der beiden Versuche $\mathfrak{M}'(x)$ und $\mathfrak{M}''(y)$ zurückzuführen.

---

[1]) Wir werden es im Anhang Teil 8 benutzen.

Die Wahrscheinlichkeit, mit der bei der Verbindung der beiden Messungen das Paar x_k, y_j auftritt, ist nach dem allgemeinen Multiplikationstheorem $w(x_k;\ y_j) = w'(x_k) w''^{*}_{x_k}(y_j)$. Daher wird nach der Voraussetzung über die Unabhängigkeit

$$(19,\ 9) \qquad w(x_k;\ y_j) = w'(x_k) w''(y_j).$$

Für das Streuungsquadrat folgt also

$$\begin{aligned}
\sigma^2[\mathfrak{M}(x+y)] &= \sum_{k,\,j} (x'_k + y'_j)^2 w'(x_k) w''(y_j) \\
&= \sum_{k,\,j} x'^2_k w'(x_k) w''(y_j) \\
&\quad + 2 \sum_{k,\,j} x'_k y'_j w'(x_k) w''(y_j) \\
&\quad + \sum_{k} y'^2_j w'(x_k) w''(y_j) \\
&= \sum_k x'^2_k w'(x_k) \sum_j w''(y_j) \\
&\quad + 2 \sum_k x'_k w'(x_k) \sum_j y'_j w''(y_j) \\
&\quad + \sum_j y'^2_j w''(y_j) \sum_k w'(x_k).
\end{aligned}$$

Nun ist aber sowohl $\Sigma w'(x_k) = 1$ wie auch $\Sigma w''(y_j) = 1$, weil die beiden Merkmalsysteme als vollständig und sich ausschließend vorausgesetzt sind. Außerdem ist noch:

$$\Sigma x'_k w'(x_k) = \mu[\mathfrak{M}'(x')] = 0$$

und auch

$$\Sigma y'_j w''(y_j) = \mu[\mathfrak{M}''(y')] = 0.$$

Es wird demnach

$$\sigma^2[\mathfrak{M}(x+y)] = \sum_k x'^2_k w'(x_k) + \sum_j y'^2 w''(y_j),$$

d. h. es gilt der

Satz 19, 2. *Bei Addition von Meßergebnissen unabhängiger Versuche ist das Streuungsquadrat der Summe gleich der Summe der Streuungsquadrate:*

$$(19,\ 10) \qquad \sigma^2[\mathfrak{M}(x+y)] = \sigma^2[\mathfrak{M}'(x)] + \sigma^2[\mathfrak{M}''(y)].$$

Für mehr als zwei unabhängige Messungen ergibt sich entsprechend:

$$(19,\ 11) \quad \sigma^2[\mathfrak{M}(x+y+\ldots+z)] = \sigma^2[\mathfrak{M}^{(1)}(x)] + \sigma^2[\mathfrak{M}^{(2)}(y)] + \ldots + \sigma^2[\mathfrak{M}^{(k)}(z)].$$

19, 6. Die Additivität des Streuungsquadrates geht verloren, wenn die beiden Versuche $\mathfrak{M}'$ und $\mathfrak{M}''$ nicht unabhängig voneinander sind. Das zeigt folgendes Beispiel:

Es mögen zwei Messungen $\mathfrak{M}'$ und $\mathfrak{M}''$ die gleichen Merkmale 1, 0 mit denselben Wahrscheinlichkeiten p und $q = 1 - p$ haben. Zudem sollen sie so gekoppelt sein, daß der zweite Versuch jedesmal das gleiche Merkmal zeigt, wie der erste.

Es sei also gegeben:

$$\begin{array}{cc} \mathfrak{M}' & \mathfrak{M}'' \\ 1,0 & 1,0 \\ \mathfrak{p}, \mathfrak{q} & \mathfrak{p}, \mathfrak{q} \\ \sigma^2(\mathfrak{M}') = \mathfrak{p}\cdot\mathfrak{q} & \sigma^2(\mathfrak{M}'') = \mathfrak{p}\cdot\mathfrak{q} \end{array}$$

wobei noch p und q beide von Null verschieden seien.

Wegen der gemachten Voraussetzungen sind dann 2 und 0 die Merkmale des Versuchs $\mathfrak{M}' + \mathfrak{M}''$ mit den Wahrscheinlichkeiten p und q. Daraus folgt zuerst:

$$\mu[\mathfrak{M}' + \mathfrak{M}''] = 2p = \mu[\mathfrak{M}'] + \mu[\mathfrak{M}''].$$

Diese Formel gilt ja auch noch dann, wenn die betrachteten Versuche voneinander abhängig sind.

Die Abweichungen der Merkmale von diesem Mittelwert sind:

$$2 - 2p = 2(1 - p) = 2q$$
$$0 - 2p = -2p.$$

Daher wird

$$\sigma^2 = 4q^2p + 4p^2q = 4pq(p + q) = 4pq.$$

Also ist

$$\sigma^2[\mathfrak{M}' + \mathfrak{M}''] \neq \sigma^2[\mathfrak{M}'] + \sigma^2[\mathfrak{M}'']$$

da p und q nicht Null sind. Bei Abhängigkeit der Versuche ist also das Streuungsquadrat nicht allgemein mehr additiv.

19, 7. Als nächste wichtige unmittelbare Folgerung aus der Additivität des Streuungsquadrates erhalten wir das Fehlerfortpflanzungsgesetz:

Satz 19, 4. Fehlerfortpflanzungsgesetz. Das Streuungsquadrat der k-fachen Durchschnittsbildung aus unabhängigen Messungen ist gleich dem k-ten Teil des Durchschnitts der Streuungsquadrate der Einzelmessungen.

Aus (19, 11) und (19, 3) mit $c = \frac{1}{k}$ folgt nämlich sofort:

$$\sigma^2\left[\frac{\mathfrak{M}^{(1)} + \ldots + \mathfrak{M}^{(k)}}{k}\right] = \frac{1}{k}\left(\frac{\sigma^2[\mathfrak{M}^{(1)}] + \ldots + \sigma^2[\mathfrak{M}^{(k)}]}{k}\right). \quad (19, 12)$$

Wir nehmen nun an, daß ein und dieselbe Messung derselben Größe x k-mal unabhängig voneinander wiederholt wird. An Stelle der $\mathfrak{M}', \ldots, \mathfrak{M}^{(k)}$ tritt dann jedesmal dieselbe, ursprüngliche Messung $\mathfrak{M}$. Unser Resultat (19, 2) ist trotzdem anwendbar, da die einzige Voraussetzung, daß die Messungen unabhängig sein sollen, erfüllt ist, obwohl es sich jedesmal um die gleiche Meßvorschrift handelt.

In diesem wichtigsten Fall ist

$$\sigma^2[\mathfrak{M}^{(1)}] = \ldots = \sigma^2[(\mathfrak{M}^{(k)})]$$

und es wird

$$\sigma^2\,[\text{Durchschnitt von } k \text{ Messungen}] = \frac{1}{k}\,\sigma^2\,[\mathfrak{M}]. \quad (19, 13)$$

Es gilt also der alles spätere entscheidende Satz:

Satz 19, 5. Das Streuungsquadrat des k-fachen Durchschnitts unabhängig voneinander wiederholter

Messungen nach der gleichen Meßvorschrift $\mathfrak{M}(x)$ ist gleich dem k-ten Teil des Streuungsquadrates für den Einzelversuch nach dieser Meßvorschrift, d. h.

$$\frac{1}{k}\sigma^2[\mathfrak{M}(x)].$$

Wir bezeichnen diese k-fache Durchschnittsbildung auf Grund derselben Meßvorschrift, da sie für die Hauptergebnisse des Buches entscheidend ist, mit einem besonderen Zeichen.

Festsetzung 19, 3.

(19, 14) $\mathfrak{M}_k(x) =$ **k-fache Durchschnittsbildung** auf Grund der Meßvorschrift $\mathfrak{M}(x)$.

Somit wird

$$\sigma^2[\mathfrak{M}_k(x)] = \frac{1}{k}\sigma^2[\mathfrak{M}(x)]. \tag{19, 15}$$

Formulieren wir dieses Ergebnis für das Streuungsquadrat für die Streuung selbst, so erhalten wir:

Satz 19, 6. Die Streuung des k-fachen Durchschnitts von Messungen nach derselben Meßvorschrift $\mathfrak{M}$ ist gleich dem $\sqrt{k}$-ten Teil der Streuung der Einzelmessungen nach dieser Versuchsvorschrift:

$$\sigma[\mathfrak{M}_k(x)] = \frac{\sigma[\mathfrak{M}(x)]}{\sqrt{k}}. \tag{19, 16}$$

Das in diesen beiden Sätzen festgelegte Ergebnis können wir anschaulich auch so aussprechen:

Messen wir auf Grund einer Meßvorschrift eine bestimmte Größe einmal und messen wir sie anderseits nach der gleichen Meßvorschrift unabhängig voneinander k-mal und bilden aus diesen k Messungen jedesmal den Durchschnitt, so ist zwar der Mittelwert dieser Durchschnittswerte $\mu[\mathfrak{M}_k(x)]$ nach Satz 18, 2a der gleiche wie bei der Einzelmessung. Das bedeutet physikalisch, daß die ursprüngliche Messung $\mathfrak{M}(x)$ und die k-fache Durchschnittsbildung $\mathfrak{M}_k(x)$ dem gleichen gemessenen Objekt die gleiche ideale Maßzahl zuordnen. Für die Größe der sich ergebenden idealen Maßzahl hat die Messung $\mathfrak{M}_k(x)$ keinen Vorteil gegenüber der ursprünglichen Messung $\mathfrak{M}(x)$. Aber es liegen die Resultate bei der Durchschnittsbildung weniger verstreut als bei der Einzelmessung, und zwar in so stärkerem Maße, je größer die Anzahl k der Messungen ist, aus denen der Durchschnitt genommen wird.

Schon jetzt wird der Leser vielleicht geneigt sein, von zwei Messungen diejenige als die ungenauere anzusehen, bei welcher die Ergebnisse stärker verstreut liegen. Unser Resultat könnte in diesem Sinne anschaulich auch so beschrieben werden: Die Ungenauigkeit ist bei k-facher Durchschnittsbildung kleiner als bei der Einzelmessung und ferner wird die Ungenauigkeit bei Vergrößerung von k jedesmal kleiner.

Auf Grund des eingeführten Streuungsbegriffs kommen wir also zu Resultaten, die in der Richtung derjenigen liegen, die wir zu Anfang des Kapitels ankündigten. Jedoch ist das Streuungsquadrat als Maß für die Ungenauigkeit einer Messung ein vollkommen willkürlich eingeführter Begriff und wir hätten statt dessen auch ganz andere Maße einführen können. Diese Willkür, die vorläufig unsere Resultate noch unbefriedigend erscheinen läßt, wird dann beseitigt sein, wenn es uns gelingt, die mit Hilfe des Streuungsquadrates gewonnenen Resultate als unmittelbare Aussagen über Wahrscheinlichkeiten zu formulieren. Diese Aufgabe soll uns nun zum Schluß noch beschäftigen.

§ 20. Tschebyscheffsche Ungleichung.

20, 1. Bis jetzt haben wir die Genauigkeit einer Messung durch die willkürlich eingeführte Größe des Streuungsquadrates beurteilt. Unsere anschauliche Vorstellung ist aber zunächst nicht ganz die gleiche. Wir werden nämlich dann eine Messung für genau halten, wenn wir mit großer Sicherheit behaupten können, daß der gemessene Wert in der Nähe des Mittelwertes liegt, welchen ja die Meßvorschrift der gemessenen Größe als Wert zuordnet. Präzisieren wir diese Vorstellung mit den Begriffen der Wahrscheinlichkeitsrechnung, so gelangen wir zu folgenden Überlegungen:

20, 2. Auf Grund irgendeiner Meßvorschrift denken wir uns eine Messung unendlich oft wiederholt und bestimmen aus der erhaltenen Meßreihe von unendlich vielen Messungen den idealen Mittelwert $\mu[\mathfrak{M}(x)]$ der zu messenden Größe, also die Maßzahl, die wir auf Grund der Messung endgültig dem Objekt zuordnen. Dann fragen wir danach, mit welcher Wahrscheinlichkeit wir erwarten können, daß bei der einzelnen Messung die Abweichung vom Mittelwert eine bestimmte, als zulässig angesehene Größe ε nicht überschreitet. Bei den Messungen kann es nämlich nicht darauf ankommen, daß die gesuchte Größe μ immer absolut genau reproduziert wird, sondern nur, daß die Abweichungen der Meßergebnisse mit hoher Wahrscheinlichkeit innerhalb eines als zulässig angesehenen Fehlerbereichs liegen.

Wir denken uns also die Messung unendlich oft wiederholt und erhalten die Folge der Meßergebnisse. Wir fragen dann, welche Meßergebnisse innerhalb des Intervalls vom Radius ε um μ (einschließlich der Grenzen) liegen. Diese Eigenschaft ist offenbar ein Merkmal für die Folge der Messungen und hat als Mischung gewisser Merkmale x der Messung eine Wahrscheinlichkeit, die wir mit $w_i(\varepsilon)$ bezeichnen; dieses w_i ist also nichts anderes als der Grenzwert der relativen Häufigkeiten der Messungen, welche vom Mittelwert einen Fehler von höchstens ε — nach oben oder unten — aufweisen. Entsprechend definieren wir $w_a(\varepsilon)$ für die Messungen, für die der Fehler größer als ε ist.

Festsetzung 20, 1. Die Wahrscheinlichkeit dafür, daß unsere Meßergebnisse den zulässigen Fehler ε, d. h. die Abweichung vom Mittelwert nicht überschreitet, bezeichnen wir mit $w_i(\varepsilon)$; die Wahrscheinlichkeit dagegen, daß der Fehler größer als zulässig, d. h. größer als ε ist, mit $w_a(\varepsilon)$. Wir nennen $w_a(\varepsilon)$ die **ε-Ungenauigkeit** der Messung.

Wir werden nämlich eine Messung für um so genauer halten, je größer die Wahrscheinlichkeit ist, daß der Fehler der Messung vorgegebene kleine Beträge ε nicht überschreitet; denn wir sind dann um so sicherer, daß unsere Messungen die Maßzahl μ bis auf die jeweils vorgegebenen Fehler reproduzieren. Mit Recht können wir also die durch die Festsetzung 20, 1 eingeführte Wahrscheinlichkeit $w_i(\varepsilon)$ als ein vernünftiges Maß für die Beurteilung der Genauigkeit eine Messung ansehen.

Die Größe $w_a(\varepsilon)$ charakterisiert uns dann die Ungenauigkeit der Messung; sie gibt uns an, mit welcher Wahrscheinlichkeit wir auf einen unzulässigen Fehler rechnen müssen. Da die Wahrscheinlichkeit $w_a(\varepsilon)$ außer von der Meßvorschrift noch von ε abhängt, nannten wir sie die ε-Ungenauigkeit der Messung.

Ebensogut hätten wir diese beiden Wahrscheinlichkeiten dadurch definieren können, daß wir sagen $w_i(\varepsilon)$ bzw. $w_a(\varepsilon)$ sind die Wahrscheinlichkeiten dafür, daß unser Meßergebnis innerhalb bzw. außerhalb des Bereiches $\mu[\mathfrak{M}(x)] - \varepsilon$ bis $\mu[\mathfrak{M}(x)] + \varepsilon$ fällt.

Wir können das auch so aussprechen:

Festsetzung 20, 2. $w_i(\varepsilon)$ bedeutet die Wahrscheinlichkeit dafür, daß unser Meßergebnis den Mittelwert μ bis auf den zulässigen Fehler ε von μ reproduziert, $w_a(\varepsilon)$ hingegen die Wahrscheinlichkeit dafür, daß der Fehler unseres Meßergebnisses gegen μ größer als ε ist.

Da die beiden betrachteten Fälle sich sicher ausschließen, ist

(20, 1) $$w_i(\varepsilon) + w_a(\varepsilon) = 1.$$

Für die folgenden Überlegungen ist es etwas bequemer, statt mit der Wahrscheinlichkeit $w_i(\varepsilon)$ mit der Wahrscheinlichkeit $w_a(\varepsilon)$ zu arbeiten, obschon wegen der Beziehung (20, 1) mit w_a auch w_i sofort zu ermitteln ist.

20, 3. Bezeichnen wir die Meßwerte x, die bei dem festgewählten ε innerhalb des Bereiches $\mu[\mathfrak{M}(x)] - \varepsilon \ldots \mu[\mathfrak{M}(x)] + \varepsilon$ liegen mit x_{k_i}, so ist $w_i(\varepsilon)$ gleich der Summe der Wahrscheinlichkeiten aller dieser Merkmale. Also

(20, 2) $$\Sigma w(x_{k_i}) = w_i(\varepsilon).$$

Ebenso wird $w_a(\varepsilon)$ gleich der Summe der Wahrscheinlichkeiten aller der Meßergebnisse x_{k_a}, die außerhalb des betrachteten Bereiches liegen.

(20, 3) $$\Sigma w(x_{k_a}) = w_a(\varepsilon).$$

Wir werden erwarten, daß diese Wahrscheinlichkeit mit dem Streuungsquadrat so zusammenhängt, daß die Kleinheit der Wahrscheinlichkeit $w_a(\varepsilon)$ — also die Größe von $w_i(\varepsilon)$ — um so eher behauptet werden kann, je kleiner das Streuungsquadrat ist.

Dies ist in der Tat der Fall; denn nach der Festlegung des Streuungsquadrates ist dieses

$$\sigma^2 = \Sigma x_k^2 w(x_k).$$

Wir streichen darin auf der rechten Seite alle die Abweichungen, die dem Betrage nach kleiner oder höchstens gleich ε sind, d. h. wir lassen nur die x'_{k_a} stehen, die zu Meßwerten gehören, die außerhalb des zulässigen Fehlerbereichs ε um den Mittelwert μ liegen. So verkleinern wir die Summe, weil doch alle die gestrichenen Größen sicher nicht negativ sind.

Es folgt daher

$$\sigma^2 = x_1'^2 w(x_1) + \ldots + x_r'^2 w(x_r) \geqq \Sigma x_{k_a}'^2 w(x_{k_a})$$

und da alle diese x_{k_a}' dem Betrage nach $> \varepsilon$ sind, so ergibt sich weiter:

$$\sigma^2[\mathfrak{M}(x)] \geqq \varepsilon^2 \, \Sigma w(x_{k_a}).$$

Also ist

$$\sigma^2[\mathfrak{M}(x)] \geqq \varepsilon^2 w_a(\varepsilon),$$

d. h.

$$\varepsilon^2 w_a(\varepsilon) \leqq \sigma^2[\mathfrak{M}(x)]$$

und daraus folgt schließlich die Tschebyscheffsche Ungleichung:

Satz 20, 1. Tschebyscheffsche Ungleichung. Die Wahrscheinlichkeit, bei einer Messung einen unzulässigen Fehler zu machen, ist kleiner als der Quotient aus dem Streuungsquadrat und dem Quadrat des gerade noch zulässigen Fehlers ε.

$$w_a(\varepsilon) \leqq \frac{\sigma^2[\mathfrak{M}(x)]}{\varepsilon^2} \tag{20, 4}$$

Für $w_i(\varepsilon)$ folgt daraus:

Satz 20, 2. Die Wahrscheinlichkeit $w_i(\varepsilon)$, daß unser Meßergebnis den Wert μ der Messung innerhalb der zulässigen Fehlergrenze ε reproduziert, ist für jedes ε größer als $1 - \frac{\sigma^2}{\varepsilon^2}$.

Wegen (20, 1) und (20, 4) ist

$$w_i(\varepsilon) \geqq 1 - \frac{\sigma^2[\mathfrak{M}(x)]}{\varepsilon^2}. \tag{20, 5}$$

Diese Tschebyscheffsche Ungleichung liefert uns den gesuchten Zusammenhang zwischen dem Streuungsquadrat und der Beurteilung der Meßungenauigkeit durch den anschaulichen Begriff der Wahrscheinlichkeit $w_a(\varepsilon)$. Zusammen mit dem Satz über die Streuung bei Durchschnittsbildung werden wir damit im folgenden Paragraphen endgültig die Frage nach dem Sinn und der Bedeutung der Durchschnittsbildung beantworten können.

§ 21. Das Gesetz der großen Zahlen.

21, 1. In einer kurzen Zusammenfassung wollen wir nun nochmals, ehe wir ein endgültiges Ergebnis über die Berechtigung der Durchschnittsbildung ableiten, den Gedankengang der bisherigen Überlegungen wiederholen.

In einer Reihe einzelner Messungen einer Größe x auf Grund einer bestimmten Meßvorschrift $\mathfrak{M}(x)$ werden nicht alle Messungen dasselbe Ergebnis liefern, sondern die Meßergebnisse werden in einem Bereich verstreut liegen. Dabei können wir, ohne die Anwendungsmöglichkeiten unserer Betrachtungen einzuschränken, annehmen, daß als Meßergebnisse nur endlich viele, verschiedene Zahlen

(21, 1) $$x_1, \ldots, x_n$$
möglich sind.

Im allgemeinen treten diese Meßergebnisse mit verschiedenen Häufigkeiten auf, für die wir in den nach den Hypothesen des II. Kapitels vorhandenen und allein durch die Meßvorschrift $\mathfrak{M}(x)$ bestimmten Wahrscheinlichkeiten $w(x_k)$ ein Maß haben. Das Vorhandensein dieser Wahrscheinlichkeiten $w(x_k)$ besagt nämlich, daß die absolute Häufigkeit für das Auftreten von x_k bis auf einen relativ zu n kleinen Fehler für großes n den Wert $n \cdot w(x_k)$ hat.

Aus der unendlichen Folge der Einzelmessungen entnehmen wir als Wert der gesuchten Größe x auf Grund der Meßvorschrift $\mathfrak{M}(x)$ den Mittelwert $\mu[\mathfrak{M}(x)]$, den Grenzwert des n-ten durchschnittlichen Meßergebnisses. Dieser Grenzwert berechnet sich aus den Werten x_k der Meßergebnisse und ihren Wahrscheinlichkeiten unmittelbar nach der Formel:

(21, 2) $$\mu[\mathfrak{M}(x)] = x_1 w(x_1) + \ldots + x_n w(x_n).$$

21, 2. Die Genauigkeit, mit der durch die Einzelmessung dieser Mittelwert μ bis auf einen als zulässig angesehenen Fehler ε reproduziert wird, beurteilen wir durch die Wahrscheinlichkeit $w_i(\varepsilon)$, mit der die Einzelmessung in den Bereich $\mu[\mathfrak{M}(x)] - \varepsilon \ldots \mu[\mathfrak{M}(x)] + \varepsilon$ um μ fällt, die Meßungenauigkeit durch die Wahrscheinlichkeit $w_a(\varepsilon)$ dafür, daß der Fehler der Einzelmessung größer als zulässig ist. Wir haben diese Wahrscheinlichkeit auch die ε-Ungenauigkeit der Messung genannt.

Das zu Beginn des Kapitels aufgeworfene Problem der Durchschnittsbildung ist damit auf die Beantwortung der folgenden, durch die Begriffe der Wahrscheinlichkeitsrechnung genau präzisierten Frage zurückgeführt:

Nimmt die ε-Ungenauigkeit bei k-facher Durchschnittsbildung ab, wenn die Zahl k der Messungen, aus denen der Durchschnitt genommen ist, vergrößert wird?

Erinnern wir uns an die Sätze, die wir über die Streuung bei k-facher Durchschnittsbildung abgeleitet hatten, so ist diese Frage mit den Ergebnissen der vorigen Paragraphen unschwer zu beantworten.

21, 3. Für die Einzelmessung $\mathfrak{M}(x)$ ist nach der Tschebyscheffschen Ungleichung

(21, 3) $$w_a(\varepsilon) \leqq \frac{\sigma^2[\mathfrak{M}(x)]}{\varepsilon^2},$$

also entsprechend für die Bestimmung des k-fachen Durchschnitts:

(21, 4) $$w_{a,k}(\varepsilon) \leqq \frac{\sigma^2[\mathfrak{M}_k(x)]}{\varepsilon^2},$$

Mit $w_{a,k}(\varepsilon)$ ist darin die Wahrscheinlichkeit dafür bezeichnet, daß das Ergebnis der k-fachen Durchschnittsbildung vom idealen Wert μ der gesuchten Größe auf Grund der Meßvorschrift $\mathfrak{M}(x)$ — ist ja nach den Sätzen des § 18 auch der Mittelwert zur Meßvorschrift $\mathfrak{M}_k(x)$ ist — um mehr als den zulässigen Fehler ε abweicht. Nun ist aber für diese k-fache Durchschnittsbildung das Streuungsquadrat k-mal kleiner als für die Einzelmessung:

(21, 5) $$\sigma^2[\mathfrak{M}_k(x)] = \frac{1}{k}\,\sigma^2[\mathfrak{M}(x)].$$

Daraus ergibt sich, daß für die ε-Ungenauigkeit $w_{a,\,k}(\varepsilon)$ bei der k-fachen Durchschnittsbildung die schärfere Ungleichung

(21, 6) $$w_{a,\,k}(\varepsilon) \leqq \frac{1}{k}\,\frac{\sigma^2[\mathfrak{M}(x)]}{\varepsilon^2}$$

gilt, während für die ε-Ungenauigkeit $w_a(\varepsilon)$ der Einzelmessung nur die Ungleichung

(21, 7) $$w_a(\varepsilon) \leqq \frac{1}{1}\,\frac{\sigma^2[\mathfrak{M}(x)]}{\varepsilon^2}$$

bewiesen werden konnte.

Daraus können wir zwar nicht unbedingt schließen, daß die Ungenauigkeit $w_{a,\,k}(\varepsilon)$ für die k-fache Durchschnittsbildung in jedem Falle kleiner ist als die ε-Ungenauigkeit $w_a(\varepsilon)$ der Einzelmessung, und ebenso nicht, daß $w_{a,\,k}(\varepsilon)$ für großes k immer kleiner ist als für kleines k.

Wohl aber können wir sagen, daß die Ungleichung, die sich für $w_{a,\,k}(\varepsilon)$ ergeben hat, um so schärfer ist, je größer k ist. Dieses Ergebnis formulieren wir in dem folgenden Satz:

Satz 21, 1. Die ε-Ungenauigkeit $w_{a,\,k}(\varepsilon)$ für die k-fache Durchschnittsbildung $\mathfrak{M}_k(x)$ auf Grund der Einzelmessungen nach der Meßvorschrift $\mathfrak{M}(x)$ genügt der Ungleichung

(21, 6) $$w_{a,\,k}(\varepsilon) \leqq \frac{1}{k}\,\frac{\sigma^2[\mathfrak{M}(x)]}{\varepsilon^2}.$$

Die Abschätzung für $w_{a,k}(\varepsilon)$ ist also um so schärfer, je größer k ist.

Es ist im Sinne dieser Ungleichung der Durchschnitt aus k Messungen um so genauer, je größer k ist.

21, 4. Bevor wir die allgemeinen Betrachtungen zu Ende führen, rechnen wir ein Beispiel durch. Bei der Messung einer Strecke mögen sich als Meßergebnisse in mm die Werte

$$x_1 = 9{,}8;\; x_2 = 9{,}9;\; x_3 = 10;\; x_4 = 10{,}1;\; x_5 = 10{,}2$$

mit den Wahrscheinlichkeiten

$$w(x_1) = 0{,}05;\; w(x_2) = 0{,}3;\; w(x_3) = 0{,}4;\; w(x_4) = 0{,}2;\; w(x_5) = 0{,}05$$

ergeben haben.

Nach der Formel (21, 2) ist dann zunächst der Mittelwert:

$$\begin{aligned}\mu &= 9{,}8\cdot 0{,}05 + 9{,}9\cdot 0{,}3 + 10\cdot 0{,}4 + 10{,}1\cdot 0{,}2 + 10{,}2\cdot 0{,}05\\ &= 0{,}49 + 2{,}97 + 4 + 2{,}02 + 0{,}51\\ &= 9{,}99.\end{aligned}$$

Etwas bequemer berechnet man μ mit Hilfe des Satzes über die Merkmaltransformationen

$$\mu[x-\lambda] = \mu[x] - \lambda$$

Also

$$\mu[x] = \mu[x-\lambda] + \lambda = \mu[x^*] + \lambda.$$

Wählen wir $\lambda = 10$, so werden die $x^* = x - \lambda$.

$$x_1^* = -0{,}2,\; x_2^* = -0{,}1,\; x_3^* = 0,\; x_4^* = 0{,}1,\; x_5^* = 0{,}2.$$

Also

$$\begin{aligned}\mu[x^*] &= -0{,}2\cdot 0{,}05 - 0{,}1\cdot 0{,}3 + 0\cdot 0{,}04 + 0{,}1\cdot 0{,}2 + 0{,}2\cdot 0{,}05\\ &= -0{,}01 - 0{,}03 + 0{,}00 + 0{,}02 + 0{,}01\\ &= -0{,}01\end{aligned}$$

und damit

$$\mu[x] = 9{,}99.$$

Nun berechnen wir σ^2 aus den Abweichungen $x' = x - \mu$ vom Mittelwert μ. Es wird

$$\begin{aligned} x_1' &= -0{,}19 & x_1'^2 &= 0{,}0361\\ x_2' &= -0{,}09 & x_2'^2 &= 0{,}0081\\ x_3' &= +0{,}01 & x_3'^2 &= 0{,}0001\\ x_4' &= +0{,}11 & x_4'^2 &= 0{,}0121\\ x_5' &= +0{,}21 & x_5'^2 &= 0{,}0441\end{aligned}$$

und daher

$$\begin{aligned}\sigma^2 &= 0{,}0361\cdot 0{,}05 + 0{,}0081\cdot 0{,}3\\ &\quad + 0{,}0001\cdot 0{,}4 + 0{,}0121\cdot 0{,}2\\ &\quad + 0{,}0441\cdot 0{,}05\\ &= 0{,}001805 + 0{,}00243 + 0{,}00004 + 0{,}00242 + 0{,}002205.\end{aligned}$$

Also

$$\sigma^2 = 0{,}0089.$$

Die Formel

$$\sigma^2[\mathfrak{M}(x + c) = \sigma^2[\mathfrak{M}(x)]$$

führt hier nicht zu einer einfacheren Rechnung, da ja für die Transformation $x^* = x + c$ die Beziehung $x^{*\prime} = x'$ gilt.

Demnach ist in unserem Beispiel die ε-Ungenauigkeit

$$w_a(\varepsilon) \leqq \frac{89}{10000\cdot\varepsilon^2}.$$

Lassen wir als Fehler ε noch einen mm zu, so wird $\varepsilon = 1$ und

$$w_a(1) \leqq \frac{89}{10000}.$$

Da alle Meßergebnisse innerhalb des Bereiches $9{,}99 - 1 \ldots 9{,}99 + 1$ liegen, ist

$$w_a(1) = 0.$$

Für $\varepsilon = 0{,}1$ läßt die obige Ungleichung natürlich eine größere Ungenauigkeit zu. Es wird

$$w_a(0{,}1) \leqq \frac{89}{10000\cdot 0{,}01}.$$

Also

$$w_a(0{,}1) \leqq 0{,}89.$$

Berechnen wir $w_a(0{,}1)$ aus den angegebenen Wahrscheinlichkeiten, so erhalten wir $w_a(0{,}1) = 0{,}3$; denn außerhalb des Bereichs

$$9{,}99 - 0{,}1 = 9{,}89 \ldots 9{,}99 + 0{,}1 = 10.09$$

liegen x_1, x_4, x_5, und daher ist

$$w_a(0{,}1) = w(x_1) + w(x_4) + w(x_5) = 0{,}05 + 0{,}2 + 0{,}05 = 0{,}3.$$

Ist dagegen der zulässige Fehler nur $\varepsilon = 0{,}01$, so liefert unsere Ungleichung für $w_a(\varepsilon)$ keine Einschränkung mehr. Wir erhalten nämlich

$$w_a(0{,}01) \leqq 89,$$

und diese Ungleichung bedeutet keinerlei Beschränkung mehr für $w_a(\varepsilon)$, da $w_a(\varepsilon)$ ja sicher $\leqq 1$ ist.

Wir sehen aus diesen Beispielen, daß die Tschebyscheffsche Ungleichung nur eine grobe Abschätzung für die ε-Ungenauigkeit liefert, die uns zudem für sich allein, wenn wir schon die x_k mit ihren Wahrscheinlichkeiten $w(x_k)$ kennen, nichts Neues liefert; denn dann können wir ja $w_a(\varepsilon)$ sogar genau berechnen, nicht nur abschätzen.

Erst in Verbindung mit den Ergebnissen über die Streuung bei der k-fachen Durchschnittsbildung gewinnt die Tschebyscheffsche Ungleichung ihre Bedeutung.

In unserem Beispiel war

$$\sigma^2[\mathfrak{M}(x)] = 0{,}0089.$$

Für die Bildung des k-fachen Durchschnitts aus k Einzelmessungen wird dann die Tschebyscheffsche Ungleichung:

$$w_{a,k}(\varepsilon) \leqq 0{,}0089 \cdot \frac{1}{k\varepsilon^2}.$$

Lassen wir als Fehler wieder $\varepsilon = 0{,}1$ zu, so liefert uns diese Ungleichung die Abschätzung:

$$w_{a,k}(0{,}1) \leqq 0{,}89 \cdot \frac{1}{k}.$$

Für den Fall der Einzelmessung, also $k = 1$, ergibt sich das schon vorhin abgeleitete Ergebnis:

$$w_a(0{,}1) = w_{a,1}(0{,}1) \leqq 0{,}89.$$

Bilden wir aber aus zwei Messungen den Durchschnitt, so wird

$$w_{a,2}(0{,}1) \leqq 0{,}45.$$

Aber diese Ungleichung liefert uns noch keine Aussage über eine Verbesserung der Genauigkeit gegenüber der Einzelmessung; denn nach unseren vorigen Rechnungen ist ja

$$w_a(0{,}1) = 0{,}3.$$

Für $k = 3$ erhalten wir dagegen schon eine Verbesserung, denn es ist

$$w_{a,3}(0{,}1) \leqq 0{,}27.$$

Die Bildung des 3-fachen Durchschnitts bringt also in unserem Beispiel eine Verbesserung von w e n i g s t e n s 3/100. Für $k = 4$ wird

$$w_{a,4}(0{,}1) \leqq 0{,}23,$$

und $k = 9$ liefert schon

$$w_{a,9}(0{,}1) \leqq 0{,}01.$$

Bilden wir also aus 9 Einzelmessungen auf Grund der gegebenen Meßvorschrift $\mathfrak{M}(x)$ den Durchschnitt, so ist die Wahrscheinlichkeit dafür, daß dieser Durchschnittsbildung ein unzulässiger Fehler anhaftet ($\varepsilon = 0{,}1$), schon unter 1/100 gesunken.

21, 5. An diesem Beispiel sehen wir, daß die Wahrscheinlichkeit, einen größeren Fehler als ε zu begehen, also die ε-Ungenauigkeit, schließlich klein wird. Der Leser wird schon jetzt überblicken, daß wir durch Vergrößern der Zahl k der zur Durchschnittsbildung herangezogenen Einzelmessungen diese Wahrscheinlichkeit beliebig klein machen können.

Wir erkennen dies jedoch ohne Mühe gleich im allgemeinen Fall. Es ist

$$w_{a,k}(\varepsilon) \leqq \frac{1}{k} \cdot \frac{\sigma^2[\mathfrak{M}(x)]}{\varepsilon^2}.$$

Für eine gegebene Messung und einen beliebigen, aber festgewählten, zulässigen Fehler ε wird darin auf der rechten Seite $\sigma^2[\mathfrak{M}(x)]/\varepsilon^2$ eine Größe, die von k unabhängig ist.

Daher wird nach den Sätzen des § 3

$$\lim_{k \to \infty} w_{a,k}(\varepsilon) = 0.$$

Es gilt

Satz 21, 2. Gesetz der großen Zahlen. Mit wachsendem k geht die ε-Ungenauigkeit $w_{a,k}(\varepsilon)$ für den Durchschnitt aus k Messungen auf Grund der Meßvorschrift $\mathfrak{M}(x)$ gegen Null, und zwar für jeden (zulässigen) Fehler ε.

Eine genaue Abschätzung darüber, in wie starkem Maße $w_{a,k}(\varepsilon)$ mit wachsendem k sich der Null nähert, liefert der Satz 21, 1. Setzen wir

$$\frac{\sigma^2[\mathfrak{M}(x)]}{\varepsilon^2} = C.$$

so ist

$$w_{a,k}(\varepsilon) \leqq \frac{C}{k} \tag{21, 8}$$

wobei C allein durch die Meßvorschrift und das vorgegebene ε bestimmt ist, also von k unabhängig ist.

21, 6. Bisher gingen wir in unseren Überlegungen davon aus, daß die Meßergebnisse $x_1, \ldots, x_n$ und auch deren Wahrscheinlichkeiten $w(x_1)$, $\ldots w(x_n)$ bekannt sind. Aber auch dann, wenn dies nicht mehr der Fall ist, können wir über die ε-Ungenauigkeit bei der k-fachen Durchschnittsbildung noch Aussagen machen.

Zunächst ist jedenfalls μ ein Wert, der zwischen x_1 und x_n liegt; denn es ist

$$\mu = x_1 w(x_1) + \ldots + x_n w(x_n).$$

Also, da

$$x_1 < x_2 \ldots < x_n,$$
$$x_1[w(x_1) + \ldots + w(x_n)] \leqq \mu \leqq x_n[w(x_1) + \ldots + w(x_n)],$$

d. h.

$$x_1 \leqq \mu \leqq x_n.$$

Daraus folgt weiter, daß alle Abweichungen der Meßergebnisse höchstens den Betrag $x_n - x_1$ haben und daß daher

$$\sigma^2 \leqq (x_n - x_1)^2$$

ist, wie aus der Festsetzung für σ^2 unmittelbar hervorgeht.

Setzen wir dies in unsere Ungleichung ein, so erhalten wir

$$(21,\ 9) \qquad w_{a,k}(\varepsilon) \leqq \frac{1}{k} \frac{(x_n - x_1)^2}{\varepsilon^2}.$$

Es ist klar, daß diese Ungleichung schwächer ist als die, die wir vorhin erhalten haben, ist sie doch aus wesentlich geringeren Voraussetzungen hergeleitet. Trotzdem können wir daraus jedenfalls eine Zahl k so bestimmen, daß die Wahrscheinlichkeit, bei der Bildung des Durchschnitts aus k Einzelmessungen einen unzulässigen Fehler zu erhalten, unter jeden Wert sinkt.

So in unserem Beispiel, wenn wir nur wissen, daß die Meßergebnisse zwischen 9,7 und 10,3 liegen. Es ist dann

$$x_n - x_1 = 0{,}6$$

Daher wird

$$w_{a,k}(\varepsilon) \leqq \frac{1}{k} \frac{0{,}36}{\varepsilon^2}.$$

Also für $\varepsilon = 0{,}1$

$$w_{a,k}(0{,}1) \leqq \frac{36}{k}.$$

Soll nun die Wahrscheinlichkeit eines unzulässigen Fehlers unter 1/100 liegen, so muß k so bestimmt werden, daß

$$w_{a,k}(0{,}1) \leqq 0{,}01$$

ist. Nach der vorigen Ungleichung ist das jedenfalls sicher dann der Fall, wenn

$$k \geqq 3600$$

ist.

21, 7. Wir fassen zusammen: In § 19 haben wir den entscheidenden Satz 19, 5 bewiesen. Danach ist das Streuungsquadrat bei k-facher Durchschnittsbildung nur der k-te Teil des Streuungsquadrates der ursprünglichen Messung. Wenn wir das Streuungsquadrat schon als ein vernünftiges Maß für die Meßungenauigkeit ansehen, so folgt aus diesem Satz genau, daß die Meßungenauigkeit bei Vergrößerung von k — auch nur um 1 — abnimmt. Die Physiker hätten dann ein Recht, das Durchschnittsergebnis aus 20 Versuchen für besser anzusehen als das aus 10 Versuchen. Ist aber das Streuungsquadrat tatsächlich das „richtige" Maß für die Meßungenauigkeit? Wir können das nicht bindend zeigen. Aus diesem Grunde sind wir gezwungen weiterzugehen. Wir führten als Maß der Meßungenauigkeit die Wahrscheinlichkeit $w_a(\varepsilon)$ ein. Wir sind davon überzeugt, daß jeder diese Größe als ein vernünftiges Maß für die Beurteilung der Ungenauigkeit einer Messung ansehen muß. Von dieser ε-Ungenauigkeit können wir nicht mehr zeigen, daß sie mit wachsendem k jedesmal abnimmt, wie das beim Streuungsquadrat der Fall ist.

Jedoch können wir für die ε-Ungenauigkeit eine Abschätzung angeben, die sich bei jeder Vergrößerung von k — auch nur um 1 — verbessert. Die Größe $w_{a,k}(\varepsilon)$ liegt also bei Vergrößerung von k jedenfalls unter einer Schranke, die gegenüber der ursprünglichen, für k erhaltenen Schranke verkleinert ist. Das heißt noch nicht, daß $w_{a,k}(\varepsilon)$ wirklich kleiner geworden ist; es ist vielmehr noch möglich und, wie man an Beispielen zeigen kann, manchmal der Fall, daß $w_{a,k}(\varepsilon)$ bei Vergrößerung von k zunimmt. Auf die Dauer allerdings muß $w_{a,k}(\varepsilon)$ doch abnehmen, wie wir ja mit dem Gesetz der großen Zahlen bewiesen haben. Wir haben sogar durch den Satz 21, 1 eine Abschätzung darüber, wie stark $w_{a,k}(\varepsilon)$ mit wachsendem k nach Null geht.

Bilden wir aus den Einzelmessungen auf Grund einer Meßvorschrift den 10-fachen Durchschnitt, so können wir mit Hilfe des Satzes 21, 1 abschätzen, daß die Zahl der Ergebnisse dieser Durchschnittsbildung, die einen „unzulässigen" Fehler aufweist, einen bestimmten Prozentsatz nicht überschreitet. Für die 20-fache Durchschnittsbildung ist dieser Prozentsatz dann nur noch halb so groß. In diesem Sinne also halten wir mit Recht das Einzelergebnis der 20-fachen Durchschnittsbildung für besser als das bei der 10-fachen Durchschnittsbildung und ebenso für besser als das der Einzelmessung nach der ursprünglichen Meßvorschrift.

Der Leser gebe sich aber noch einmal Rechenschaft darüber, daß erst das Gesetz der großen Zahlen in Verbindung mit dem Satz 21, 1 diese Schlüsse rechtfertigt. Allein aus der in 17, 6 besprochenen Tatsache, daß $\lim \mu_n = \mu$ ist, kann dagegen gar nichts darüber gefolgert werden, ob etwa μ_{20} besser als μ_{10} ist.

Das Gesetz der großen Zahlen zeigt weiter, daß sich der Prozentsatz der Ergebnisse der k-fachen Durchschnittsbildung, die einen „unzulässigen" Fehler aufweisen, mit der Vergrößerung von k der Null nähert.

21, 8. Mit dem von uns nunmehr lückenlos bewiesenen Gesetz der großen Zahlen haben wir das Ziel erreicht, das wir uns gesteckt hatten. Wir wollen nun den Hauptteil des Buches auf seinem Höhepunkt schließen und verlegen deshalb zwei, für die Statistik wichtige Folgerungen aus dem Gesetz der großen Zahlen in den Teil 8 des Anhangs; die eine betrifft die größere Zuverlässigkeit längerer Statistiken, die andere das repräsentative Verfahren.

Anhang Teil 1.

Beweis der Grenzwertsätze des § 3.

Wir beweisen im folgenden kurz die Sätze des § 3. Dabei stützen wir uns auf die Festsetzung 2, 2 des Grenzwertbegriffes.

Beweis zu Satz 3, 1.

Nehmen wir an, es gäbe zwei verschiedene Zahlen γ_1 und γ_2, die die Bedingungen der Festsetzung 2, 2 erfüllen, so gelten folgende Bedingungen:

1. a) $|a_n - \gamma_1| < 1$ von n_1' b) $|a_n - \gamma_2| < 1$ von n_1'' ab
2. a) $|a_n - \gamma_1| < 0{,}1$ von n_2' b) $|a_n - \gamma_2| < 0{,}1$ von n_2'' ab
3. ...

usw.

Nehmen wir in jeder dieser Bedingungen von den beiden Nummern n' und n'' die Größere und bezeichnen sie mit n''', so sind von dieser Nummer n''' ab beide Ungleichungen a) und b) gleichzeitig erfüllt; es gilt also

1. $|a_n - \gamma_1| < 1 \quad |a_n - \gamma_2| < 1$ von n_1''' ab,
2. $|a_n - \gamma_1| < 0{,}1 \quad |a_n - \gamma_2| < 0{,}1$ von n_2''' ab,
3. ...

usw.

Daraus folgen aber die folgenden Ungleichungen:

1. $|\gamma_1 - \gamma_2| < 2$
2. $|\gamma_1 - \gamma_2| < 0{,}2$
3. $|\gamma_1 - \gamma_2| < 0{,}02$
4. ...

usw.

Diese aber können nur dann alle erfüllt sein, wenn

$$\gamma_1 = \gamma_2,$$

denn sonst ist doch $\gamma_1 - \gamma_2$ von Null verschieden, und daher würde die Größe auf der rechten Seite schließlich einmal kleiner als $\gamma_1 - \gamma_2$.

Beweis zu Satz 3, 2.

Vorausgesetzt wird, daß

$$\lim_{n \to \infty} a_n = \gamma,$$

d. i.

1) $|a_n - \gamma| < 1$ von n_1 ab,
2) $|a_n - \gamma| < 0{,}1$ von n_2 ab,
3) ...

usw.

Dann gilt für die Folge $ca_1, ca_2, \ldots$

$$1)\ |\, ca_n - c\gamma\, | < c \quad \text{von } n_1 \text{ ab,}$$
$$2)\ |\, ca_n - c\gamma\, | < c \cdot 0{,}1 \quad \text{von } n_2 \text{ ab,}$$
$$\vdots$$
$$k)\ |\, ca_n - c\gamma\, | < c \cdot \frac{1}{10^{k-1}} < 1 \text{ von } n_k = n_1' \text{ ab,}$$
$$k+1)\ |\, ca_n - c\gamma\, | < c \cdot \frac{1}{10^{k}} < 0{,}1 \text{ von } n_{k+1} = n_2' \text{ ab}$$
$$\vdots$$

usw.

Es folgen also die Bedingungen:

$$1')\ |\, ca_n - c\gamma\, | < 1 \quad \text{von } n_1' \text{ ab,}$$
$$2')\ |\, ca_n - c\gamma\, | < 0{,}1 \quad \text{von } n_2 \text{ ab,}$$
$$\vdots$$

usw.

d. h.
$$\lim_{n \to \infty} ca_n = c \cdot \gamma.$$

Beweis zu Satz 3, 3.

Voraussetzung:

$$\lim_{n\to\infty} a_n = \alpha \text{ d. h. } \lim_{n\to\infty} (a_n - \alpha) = 0$$
$$\lim_{n\to\infty} b_n = \beta \text{ d. h. } \lim_{n\to\infty} (b_n - \beta) = 0.$$

Behauptung:

$$\lim_{n\to\infty} (a_n + b_n) = \alpha + \beta \text{ d. h. } \lim_{n\to\infty} [a_n + b_n) - (\alpha + \beta)] = 0.$$

Aus der Voraussetzung folgt, daß die Bedingungen

$$1)\ |\, a_n - \alpha\, | < 1, \quad |\, b_n - \beta\, | < 1 \quad \text{von } n_1''' \text{ ab,}$$
$$2)\ |\, a_n - \alpha\, | < 0{,}1, \quad |\, b_n - \beta\, | < 0{,}1 \quad \text{von } n_2''' \text{ ab,}$$
$$\vdots$$

Daher ist dann, weil

$$(a_n - b_n) + (\alpha + \beta) = (a_n - \alpha) + (b_n - \beta),$$
$$1')\ (a_n + b_n) - (\alpha + \beta) < 2 \quad \text{von } n_1'''$$
$$2')\ (a_n + b_n) - (\alpha + \beta) < 0{,}2 < 1 \quad \text{von } n_1 = n_2''',$$
$$3')\ (a_n + b_n) - (\alpha + \beta) < 0{,}02 < 0{,}1 \quad \text{von } n_2 = n_3''',$$
$$\vdots$$

usw.

d. h.

$$\lim_{n\to\infty} [(a_n + b_n) - (\alpha + \beta)] - 0$$

oder, was nach der Definition des Grenzwertbegriffs dasselbe ist,

$$\lim_{n\to\infty} (a_n + b_n) = \alpha + \beta.$$

Entsprechend folgt auch

$$\lim_{n \to \infty} (a_n - b_n) = \alpha - \beta$$

Beweis von Satz 3, 5.

Da $\quad a_n b_n - \alpha \cdot \beta = (a_n - \alpha) \cdot \beta + (b_n - \beta) \cdot \alpha + (a_n - \alpha)(b_n - \beta)$ folgt aus den Bedingungen, die wir zum Beweis von Satz 3, 3 schon aufgeschrieben hatten:

$$1) \qquad | a_n b_n - \alpha\beta | < (|\alpha| + |\beta|) \cdot 0{,}1 + 0{,}1 \cdot 0{,}1 < 0{,}1\,(|\alpha| + |\beta| + 1)|,$$

$$2) \qquad | a_n b_n - \alpha\beta | < (|\alpha| + |\beta| + 1) \cdot 0{,}01,$$

$$\vdots$$

$$1') \quad k) \quad | a_n b_n - \alpha\beta | < (|\alpha| + |\beta| + 1) \frac{1}{10^k} < 1,$$

$$2') \quad k+1 \quad | a_n b_n - \alpha\beta | < (|\alpha| + |\beta| + 1) \cdot \frac{1}{10^{k+1}} < 0{,}1,$$

$$\vdots \quad \vdots \quad \vdots$$

usw.

wenn wir k so bestimmen, daß $10^k > |\alpha| + |\beta| + 1$. Die Bedingungen 1') usw. besagen aber:

$$\lim_{n \to \infty} (a_n b_n - \alpha\beta) = 0$$

d. h.

$$\lim_{n \to \infty} a_n b_n = \alpha\beta.$$

Da wir jeden Quotienten $\frac{\alpha}{\beta}$ in der Form $\alpha \cdot \frac{1}{\beta}$ schreiben können, genügt es nach dem vorhin bewiesenen Satz für den Beweis von

$$\lim_{n \to \infty} \frac{a_n}{b_n} = \frac{\alpha}{\beta}$$

noch zu zeigen, daß

$$\lim_{n \to \infty} \frac{1}{b_n} = \frac{1}{\beta}$$

wenn

$$\lim_{n \to \infty} b_n = \beta \neq 0.$$

Aus der Voraussetzung $\beta \neq 0$ folgt, daß von einer Stelle N ab alle folgenden $b_n \neq 0$ sind, denn es wird ja nach der Definition des Grenzwertes von einer Stelle an $| b_n - \beta | < |\beta|$. Von da ab sind dann auch die Glieder der Folge

$$\frac{1}{b_1}, \frac{1}{b_2}, \ldots \frac{1}{b_N}, \frac{1}{b_{N+1}}, \ldots$$

alle erklärt.

Es ist nun

$$\frac{1}{b_n} - \frac{1}{\beta} = \frac{\beta - b_n}{b_n \cdot \beta}$$

und da von einer Stelle an sicher $|b_n| > 0{,}5 \cdot |\beta|$, also $\left|\frac{1}{b_n \beta}\right| < \frac{2}{\beta^2}$ ist, wird von einer, vielleicht größeren Stelle ab:

$$1)\qquad \left|\frac{1}{b_n} - \frac{1}{\beta}\right| < \frac{2}{\beta^2} \cdot 0{,}1$$

$$2)\qquad \left|\frac{1}{b_n} - \frac{1}{\beta}\right| < \frac{2}{\beta^2} \cdot 0{,}01$$

$$k)\quad \text{od. } 1')\ \left|\frac{1}{b_n} - \frac{1}{\beta}\right| < \frac{2}{\beta^2} \cdot \frac{1}{10^k} < 1$$

$$k+1)\ \text{od. } 2')\ \left|\frac{1}{b_n} - \frac{1}{\beta}\right| < \frac{2}{\beta^2} \cdot \frac{1}{10^k} \cdot \frac{1}{10} < 0{,}1$$

usw.,

wenn
$$10^k > \frac{2}{\beta^2}.$$

Anhang Teil 2.

Es sei vorausgesetzt, daß der Unterschied zwischen der n-ten absoluten Häufigkeit und $n \cdot w(x)$ nicht nur relativ zu n, sondern absolut genommen schließlich beliebig klein wird, d. h. es soll von einer Stelle ab für jedes größere n

$$\text{I)}\qquad n \cdot w(x) - \frac{1}{10^a} < a_n(x) < n \cdot w(x) + \frac{1}{10^a}$$

sein. Da aber entweder $a_{n+1}(x) = a_n(x)$ oder $a_{n+1}(x) = a_n(x) + 1$, so muß daneben noch eine der beiden folgenden Ungleichungen erfüllt sein:

$$\text{II)}\qquad n \cdot w(x) - \frac{1}{10^a} + w(x) < a_n(x) < n \cdot w(x) + \frac{1}{10^a} + w(x).$$

$$\text{III)}\qquad n \cdot w(x) - \frac{1}{10^a} + w(x) < a_n(x) + 1 < n \cdot w(x) + \frac{1}{10^a} + w(x)$$

Aus I und II folgt aber

$$n \cdot w(x) - \frac{1}{10^a} + w(x) < n \cdot w(x) + \frac{1}{10^a},$$

d. h.

$$w(x) < \frac{2}{10^a}.$$

Diese Ungleichung kann aber für alle a nur mit

$$w(x) = 0$$

erfüllt sein.

Aus I und III folgt dagegen:

$$n \cdot w(x) - \frac{1}{10^a} + 1 < n w(x) + \frac{1}{10^a} + w(x).$$

Also

$$1 - w(x) < \frac{2}{10^a}.$$

was wiederum nur gelten kann, wenn

$$w(x) = 1$$

Wir erkennen daraus, daß mit der Ungleichung I eine der beiden Ungleichungen II und III nur dann erfüllt sein kann, wenn $w(x) = 0$ oder $w(x) = 1$. Da anderseits mindestens eine dieser beiden Ungleichungen II und III unter den gemachten Voraussetzungen erfüllt sein muß, heißt das, daß unter diesen Voraussetzungen entweder $w(x) = 0$ oder $w(x) = 1$ sein muß. Bis jetzt können wir dieses Ergebnis unserer Überlegungen so aussprechen:

Der Unterschied zwischen $n \cdot w(x)$ und $a_n(x)$ kann nur dann für alle n oberhalb einer gewissen Stelle beliebig klein werden, wenn entweder $w(x) = 0$ oder $w(x) = 1$.

Die Gleichung I geht daher über in eine der beiden folgenden

$$\text{(I')} \qquad -\frac{1}{10^a} < a_n(x) < +\frac{1}{10^a}$$

$$\text{(I'')} \qquad n - \frac{1}{10^a} < a_n(x) < n + \frac{1}{10^a}$$

Wegen der Ganzzahligkeit der absoluten Häufigkeit $a_n(x)$ können diese aber nur dann erfüllt sein, wenn entweder $a_n(x) = 0$ oder aber $a_n(x) = n$.

Wir erhalten also endgültig das Ergebnis:

Der Unterschied zwischen $n \cdot w(x)$ und $a_n(x)$ kann nur dann für alle n oberhalb einer gewissen Stelle beliebig klein werden, wenn das Auftreten des Merkmals x entweder gewiß oder aber unmöglich ist.

Anhang Teil 3.

Aus (5, 3) folgt für ein System sich ausschließender Merkmale $X_1, \ldots, X_s$ $\varrho_n(X_k) = \varrho_n(X_1, \ldots, X_s) - [\varrho_n(X_1) + \ldots + \varrho_n(X_{k-1})$

$$+ \varrho_n(X_{k+1}) + \ldots + \varrho_n(X_s)].$$

Also, wenn das System der Merkmale außerdem als vollständig vorausgesetzt wird,

$$\varrho_n(X_k) = 1 - [\varrho_n(X_1) + \ldots + \varrho_n(X_{k-1}) + \varrho_n(X_{k+1}) + \ldots + \varrho_n(X_s)]$$

und daher ist nach den Sätzen des § 3 der Grenzwert von $\varrho_n(X_k)]$ d. h. $w(X_k)$, vorhanden und hat den Wert:

$$w(X_k) = 1 - [w(X_1) + \ldots + w(X_{k-1}) + w(X_{k+1}) + \ldots + w(X_s)].$$

Anhang Teil 4.

Wir betrachten Würfe mit zwei Münzen, die Merkmale der einen seien Schrift S und Bild B, die der anderen die Zahlen 1 und 2. Beim Werfen mit diesen Münzen mögen sich die beiden Ereignisfolgen ergeben:

	1.	2.		10.	11.		100.	101.	
F'	SB	SB	...	SB	SB	...	SB	SB	...
F''	12	21	...	21	12	...	12	21	...

Dann ist offenbar

$$w'(S) = w'(B) = 0{,}5$$
$$w''(1) = w''(2) = 0{,}5.$$

Wir betrachten nun die Teilfolge $F''_S{}^*$; diese hat dann folgendes Aussehen:

	1.	2.	...	10.	11.	...	100.	101.	...
$F''_S{}^*$	1	2		2	1		1	2	...

In § 4 haben wir aber gezeigt, daß darin das Merkmal 1 keine Wahrscheinlichkeit hat, d. h. $w''_S{}^*(1)$ ist nicht vorhanden, obgleich alle Ausgangswahrscheinlichkeiten $w'(S)$, $w'(B)$, $w''(1)$ und $w''(2)$ vorhanden sind.

Anhang Teil 5.

Zu einer Geburtenfolge seien:

	1.	2.	3.	4.	...
F'	K	K	M	M	...
F''	B	nB	B	nB	...
F'''	nG	G	G	nG	...

drei Merkmalfolgen mit den Merkmalen K, M bzw. B, nB und G, nG. Dann ist

$$w'\ (K) = w'_B{}^*(K) = w'_G{}^*(K) = 0{,}5$$
$$w''\ (B) = w''_K{}^*(B) = w''_G{}^*(B) = 0{,}5$$
$$w'''\ (G) = w'''_K{}^*(G) = w'''_B{}^*(G) = 0{,}5$$

Es ist also jedes der Merkmale K, B, G von den beiden anderen unabhängig; trotzdem ist G nicht unabhängig von dem Merkmalpaar $K \& B$; denn es ist

$$w'''^*_{B\&K}(G) = 0 \neq w'''\ (G) = 0{,}5.$$

Anhang Teil 6.

Die von uns gemachte Einschränkung, daß zu einer Messung nur endlich viele Merkmale gehören, ist vom Standpunkt der Praxis keine Einschränkung. Denn bei jeder praktisch vorliegenden Meßmethode gibt es eine Genauigkeitsgrenze derart, daß Meßergebnisse, die sich um noch weniger unterscheiden, nicht vorkommen. Ferner gibt es zu jeder Messung auf der Erde eine Grenze der Meßergebnisse nach oben und unten. Daraus folgt jedenfalls, daß es wenigstens keine Messung eines irdischen Gegenstandes geben kann, bei der man nicht mit endlich vielen Merkmalen auskommt.

Anhang Teil 7.

1. Wie schon erwähnt, läßt sich ein Teil der Sätze der §§ 17—19 ohne die I. Hypothese allein aus der Voraussetzung der Existenz des Mittelwertes $\mu[\mathfrak{M}(x)]$ ableiten. Wir beginnen mit dem Beweis des S a t z e s 17, 2, wozu wir auf die Formel (16, 7) für die μ_n zurückgreifen.

Es ist danach

$$\mu_n(x) = x_1 \varrho_n(x_1) + \ldots + x_r \varrho_n(x_r)$$

und ferner

$$\mu_n(x^*) = x_1^* \varrho_n(x_1^*) + \ldots + x_r^* \varrho_n(x_r^*)$$

Nach den Bemerkungen zu Beginn des Absatzes 17, 2 ist aber

$$\varrho_n(x_k^*) = \varrho_n(x_k)$$

und weiter wegen der Transformationsformel für die x^*

$$\begin{aligned}\mu_n(x^*) &= (cx_1 + d)\varrho_n(x_1) + \ldots + (cx_r + d)\varrho_n(x_r) \\ &= c(x_1\varrho_n(x_1) + \ldots + x_r\varrho_n(x_r)) \\ &\quad + d(\varrho_n(x_1) + \ldots + \varrho_n(x_r))\end{aligned}$$

Wegen der Formel (16, 7) und wegen der Überlegungen in den Abschnitten 5, 6 und 5, 7 folgt dann für ein vollständiges System sich ausschließender Merkmale, daß

$$\mu_n(x^*) = c\mu_n(x) + d$$

Mit den Grenzwertsätzen des § 3 ergibt sich daraus dann unmittelbar die Behauptung des Satzes 17, 2, da doch

$$\lim_{n \to \infty} \mu_n(x^*) = \lim_{n \to \infty} (c\mu_n(x) + d) = c \lim_{n \to \infty} \mu_n(x) + d$$

Da sich die weiteren Überlegungen des § 17 auf den Satz 17, 2 stützen, gelten auch sie ebenfalls ohne die Hypothese I.

2. Ebenso wie der Satz 17, 2 läßt sich auch das erste und wesentlichste Ergebnis des § 18, der Satz 18, 1, aus der Formel (16, 7) durch einen Grenzübergang herleiten. Dazu überlegen wir uns nur, daß wir genau wie vorhin bei Satz 17, 2 die dem Satz 18, 1 vorangehenden Rechnungen anstatt mit den μ mit den μ_n durchführen können, so daß wir zunächst

$$\mu_n(x + y) = \mu_n(x) + \mu_n(y)$$

und daraus durch Grenzübergang den gesuchten Satz 18, 1 erhalten. Damit gelten dann weiter auch die Folgerungen, die in 18, 3 und 18, 4 aus dem Bestehen von Satz 18, 1 gezogen werden.

In den Absätzen 18, 5 und 18, 6 erfordert der Begriff der nachträglichen Wahrscheinlichkeit und der Unabhängigkeit ohnehin die Voraussetzung der Existenz der Wahrscheinlichkeit, so daß aus diesem Grunde unsere Fragestellung hier gegenstandslos wird.

3. Wegen des Satzes 17, 2 über die Transformation des Mittelwertes gilt für die reduzierten Merkmale eines vollständigen Systems sich ausschließender Merkmale

$$(x')^* = x^* - \mu^* = (cx + d) - (c\mu + d) = c(x - \mu) = cx'$$

Aus der Festsetzung des Begriffs der Streuung ergibt sich daraus sofort, daß

$$\sigma^2(x^*) = \lim_{n \to \infty} (c^2 x_1'^2 \varrho_n(x_1) + \ldots + c^2 x_r'^2 \varrho_n(x_r)) = c^2\sigma^2(x)$$

Damit sind auch die Transformationsregeln über die Streuung (19, 3) und (19, 4) ohne die Hypothese I bewiesen.

Für den wichtigsten Satz über die Streuung, den Satz 19, 2, aber wird wegen des Auftretens des Begriffs der Unabhängigkeit wiederum, wie oben, unsere Fragestellung gegenstandslos.

Anhang 8.

Die größere Zuverlässigkeit der längeren Statistik und die Berechtigung des „repräsentativen Verfahrens“.

Durch das Gesetz der großen Zahlen ist die fundamentale Tatsache bewiesen worden, daß bei der k-fachen Durchschnittsbildung $\mathfrak{M}_k(x)$ aus einer Messung $\mathfrak{M}(x)$ die Wahrscheinlichkeit dafür, daß das Durchschnittsresultat von dem endgültigen idealen Wert μ der Messung $\mathfrak{M}(x)$ um mehr als einen beliebig vorgegebenen Fehler ε abweicht, durch Vergrößern von k beliebig klein gemacht werden kann. Dieser fundamentale Satz zieht natürlich viele Konsequenzen nach sich. Der im folgenden besprochene, mit dem Gesetz der großen Zahlen von uns mitbewiesene Satz ist die Grundlage jeder Statistik.

Man habe einen Versuch mit qualitativen Merkmalen, also keine Messung. Man denke sich diesen Versuch unbegrenzt oft, die einzelnen Proben unabhängig voneinander ausgeführt. Es entsteht eine Ereignisfolge. Statt der Ereignisse denke man sich jedesmal das gefallene Merkmal notiert, wobei wir hier voraussetzen, daß das System der vorgelegten Merkmale vollständig ist und daß die einzelnen Merkmale sich gegenseitig ausschließen. Die so entstandene Folge F qualitativer Merkmale betrachten wir nun. Sie ist die Idealisation der in der Statistik betrachteten endlichen statistischen Folge.

Nach der I. Hypothese des II. Kapitels gibt es zu jedem Merkmal des betrachteten Versuchs eine Wahrscheinlichkeit. Eines der Merkmale, etwa X, denken wir uns nun herausgegriffen. Dieses habe in der Gesamtfolge F die Wahrscheinlichkeit p. Anderseits gehört zu diesem Merkmale X die Folge der relativen Häufigkeiten: $\varrho_1(X)$, $\varrho_2(X)$, $\varrho_3(X)$, ... Der Wert p ist vom Standpunkt der Praxis aus ein idealer Wert; erhalten kann man allein die $\varrho_k(X)$ als sich ständig, wenn auch vielleicht schließlich nur wenig ändernde Ersatzwerte für p. Jeder Statistiker ist davon überzeugt, daß der Ersatzwert $\varrho_k(X)$ im allgemeinen um so genauer ist, je größer k ist, daß also z. B. $\varrho_{100}(X)$ „im allgemeinen“ dem Wert p näherkommt als $\varrho_{80}(X)$. Was soll das heißen und kann man es theoretisch begründen?

Der hier richtig gefühlte, wenn auch noch nicht ganz klar ausgesprochene Satz ist eine einfache Folgerung aus dem Gesetz der großen Zahlen. Er ergibt sich so:

Man verwandle die Folge F in eine Folge quantitativer Merkmale, indem man statt des betrachteten Merkmals X die Zahl 1, statt aller anderen Merkmale die Zahl 0 schreibt. So entsteht aus F eine neue Folge $\overline{F}$ mit den Merkmalen 0 und 1. In $\overline{F}$ können wir, was in F nicht möglich ist, den Mittelwert bilden und erhalten $\mu = 1 \cdot p - 0 \cdot (1 - p) = p$. Die Wahrscheinlichkeit p von X in F ist also gleichzeitig der Mittelwert μ von $\overline{F}$. Die Zahl $\varrho_k(X)$ für F ist nun außerdem genau dasselbe wie die Zahl $\varrho_k(1)$ in $\overline{F}$. Dieses $\varrho_k(1)$ in $\overline{F}$ entsteht aber, weil das Merkmal von $\overline{F}$ außer 1 nur noch 0 ist, auch, indem man die ersten k Merkmale von F einfach addiert und dann durch k dividiert. $\varrho_k(1)$ in

$\bar{F} = \varrho_k(X)$ in F ist also das Merkmal k-facher Durchschnittsbildung in $\bar{F}$. Der Mittelwert von $\bar{F}$ war nun p, die Streuung von $\bar{F}$ ist $(1-p)^2 p + (0-p)^2(1-p)$ und das ist, ganz grob abgeschätzt, höchstens $1 \cdot p + 1 \cdot (1-p) = 1$. Daher liefert das Gesetz der großen Zahlen folgendes:

Die Wahrscheinlichkeit dafür, daß das Resultat der Durchschnittsbildung $\varrho_k^{\bar{F}}(1) = \varrho_k^F(X)$ von p um mehr als ε abweicht, ist höchstens $\frac{1}{k\varepsilon^2}$.

Bei festen ε ist die Wahrscheinlichkeit also um so schärfer abgeschätzt, je größer k ist. In diesem Sinne also ist jede längere Statistik besser als die kürzere, die mit 100 Gliedern und selbst die mit 81 besser als die mit 80. Daß es sich indes bei unserem Satz nur um eine Wahrscheinlichkeitsaussage handelt, die bei längeren Statistiken schärfer ist, deutet man gewöhnlich dadurch an, daß man den Zusatz „im allgemeinen" zur Behauptung der größeren Genauigkeit der längeren Statistik hinzusetzt.

Mit diesem Resultat ist auch die Berechtigung des Verfahrens, das in der Statistik als „repräsentatives Verfahren" bezeichnet wird, und das die Grundlage jeder induktiven Wissenschaft ist, plausibel gemacht. Denn man kann das obige Resultat auch so formulieren:

Die relative Häufigkeit für ein Merkmal, die sich aus einer Serie von k voneinander unabhängig aufgestellten Beobachtungen ergeben hat, kommt der idealen Wahrscheinlichkeit p bis auf einen vorgegebenen Fehler ε nahe mit einer Wahrscheinlichkeit, die durch Vergrößern von k wächst und beliebig nahe an die Zahl 1 herangebracht werden kann. In diesem Sinne „repräsentiert" die Serie der k Beobachtungen die Gesamtheit aller möglichen Beobachtungen des Gegenstandes um so besser, je größer k ist.

Soll in einer endlichen Gesamtheit von Individuen, die so groß ist, daß man nicht alle untersuchen kann, die relative Häufigkeit einer gewissen Eigenschaft aller Individuen dieser Art festgestellt werden, so ist auf Grund des letzten Satzes in höchstem Maße der Satz plausibel:

Aus der vorgelegten Gesamtheit greift man k Individuen unabhängig voneinander heraus. Die relative Häufigkeit der betrachteten Eigenschaft in dieser Serie von k Individuen kommt dann der wahren, aber nicht durch Abzählung zu ermittelnden relativen Häufigkeit der Eigenschaft in der vollständigen Gesamtheit bis auf den Fehler ε nahe mit einer Wahrscheinlichkeit, die mit wachsendem k wächst und nach 1 geht; die k-fache Serie repräsentiert also die Gesamtheit um so sicherer, je größer k ist. Dieser Satz ist auf Grund des zuletzt bewiesenen Satzes in höchstem Maße plausibel. Sein vollständiger Beweis erfordert indes einige andere Hilfsmittel, die wir hier nicht zur Verfügung haben.

Register.

Abweichung § 17 S. 80
Anordnungen von Dingen § 12 S. 55—59
Anwendung der Wahrscheinlichkeitsrechnung § 10 S. 45—49
Auswürfelung § 7 S. 34, § 9 S. 44
Bewertung § 13 S. 64
Durchschnitt § 16 S. 75, § 18 S. 85
  k-facher — von Messungen § 18 S. 85
  k-facher — von Messungen nach der gleichen Meßvorschrift § 18 S. 85. § 19 S 92
Einsatz § 14 S. 66
Ereignis § 4 S 20
Ereignisfolge § 4 S. 20
Erwartung § 13 S. 65
Fehler
  — einer Summe § 19 S. 89
  zulässiger — § 20 S. 93
Fehlerfortpflanzungsgesetz § 19 S 91
Folge
  — von Ereignissen § 4 S. 20
  — von Merkmalen § 4 S. 21
  Nullfolge § 1 S. 11—12
  unendliche — § 1 S. 11
  — von Zahlen § 1 S. 9
Gesetz der großen Zahlen § 21 S. 100
Grenzwert § 2 S. 13
  Sätze über den § 3, Anhang Teil 1 S. 103
  Eindeutigkeit des — s § 3 S. 15
  — von Produkten § 3 S. 17
  — von Summen § 3 S. 16
Häufigkeit
  absolute — Einleitung S. 7
  relative — Einleitung S. 8
Hypothesen über die Anwendung der Wahrscheinlichkeitsrechnung § 10
  I. — Existenz der Wahrscheinlichkeit § 10 S. 46
  Häufigkeit
  II. — Symmetrie § 10 S. 47
  III. — Unabhängigkeit § 10 S. 49
Merkmale § 4 S. 20
  sich ausschließende — § 5 S. 27
  symmetrische — statistisch § 6 S. 31
  symmetrische — physikalisch § 10 S. 47
  unabhängige — statistisch § 7 S. 35 § 9 S. 44
  unabhängige — physikalisch § 10 S. 49
Merkmalfolge § 4 S. 21
  Merkmalsysteme
  unabhängige — § 7 S. 35, 37, § 9 S. 44
  vollständige § 5 S. 27
Merkmaltransformation § 17
  — durch Addition einer Konstanten § 17 S. 78
  durch lineare Transformation § 17 S. 78
Messung § 16 S. 75
  Addition von —en § 18 S. 83
  Durchschnitt von —en § 18 S. 85 § 19 S. 92
  Multiplikation von —en § 18 S. 86
Mischung § 5 S. 28
Mischungsregel § 5 S. 29
Mittelwert § 16 S. 77
  — des k-fachen Durchschnitts § 18 S. 85.
  — bei Merkmaltransformation § 17 S. 78
  — eines Produktes § 18 S. 86
  — einer Summe § 18 S. 84
Multiplikationstheorem
  — allgemeines § 8 S. 40, § 9 S. 44
  — spezielles § 8 S. 41, § 9 S. 45
Nullfolge § 1 S. 11
Prämie § 15 S. 70
Prinzip der gesteigerten Einsätze § 15 S. 71
repräsentatives Verfahren Anhang Teil 8 S. 110
Roulette § 15 S. 70
Serien § 12
  — von Ereignissen § 12 S. 52
  ausgefallene — § 12 S. 54
Spiel
  günstiges — § 13 S. 66
  gerechtes — § 13 S. 66
  ungünstiges — § 13 S. 66
Spielsysteme beim Roulette § 15 S. 70
Streuung § 19 S. 88
Streuungsquadrat § 19 S. 87
  — des k-fachen Durchschnitts § 19 S. 91
  — einer Summe § 19 S. 90
Symmetrie § 6 S. 30, § 10 S. 47
Systeme von Dingen
  geordnete — § 12, S. 56
  ungeordnete — § 12 S. 56
Transformation von Merkmalen § 17
Tschebyscheffsche Ungleichung § 20 S. 95
Unabhängigkeit § 7 S. 35, 37; § 9 S.44; § 10 S. 49
Ungenauigkeit § 20 S. 94
  — bei k-facher Durchschnittsbildung § 21 S. 97
Verbindung von Folgen § 9 S. 43
Vollständigkeit § 5 S. 27
Wahrscheinlichkeit § 4 S. 21
  — und absolute Häufigkeit § 4 S. 22
  — Null § 4 S. 25
  — Eins § 4 S. 25
  nachträgliche — § 7 S. 34, § 9 S. 44
Zuverlässigkeit
  größere — der längeren Statistik Anhang Teil 8 S. 110

FSC
www.fsc.org
MIX
Papier | Fördert gute Waldnutzung
FSC® C083411

Zeitfracht Medien GmbH
Ferdinand-Jühlke-Straße 7
99095 Erfurt, Deutschland
produktsicherheit@kolibri360.de